REIHE AUTOMATISIERUNGSTECHNIK

Herausgegeben von B. Wagner und G. Schwarze

Kybernetik und Automatisierung

Manfred Peschel

3., neuverfaßte Auflage

Springer Fachmedien Wiesbaden GmbH

„Für das Fachschulstudium empfohlen"
Institut für Fachschulwesen der DDR
Karl-Marx-Stadt
4.7. 1968

ISBN 978-3-663-03037-9   ISBN 978-3-663-04225-9 (eBook)
DOI 10.1007/978-3-663-04225-9

Lektor: *Jürgen Reichenbach*
Bestellnummer: 9/6/4365   ES 20 K 2   DK 621.391 + 62-52
Alle Rechte vorbehalten.

VLN 210. Dg. Nr. 370/76/69 Deutsche Demokratische Republik
Satz und Druck: Engelhard-Reyher-Stollbergsche Buchdruckerei KG, Gotha
Einbandgestaltung: *Kurt Beckert*

Vorwort zur 3. Auflage

Seit dem Erscheinen der 2. Auflage dieses Bandes hat sich immer klarer gezeigt, daß die Kybernetik eine stabile begriffliche Grundlage vieler Wissenschaftszweige, vor allem der technischen Disziplinen, ist, daß ihre Begriffe und Methoden von wachsender Bedeutung sind für die Sozial- und Gesellschaftswissenschaften, für die Planung und Leitung und für die biologischen Wissenschaften. Diese Tatsache rechtfertigt die Neuorientierung des Inhalts dieses Bandes. Spezielle mathematische Begriffsbildungen wurden zugunsten einer breiteren Darlegung der wesentlichen Begriffe der Kybernetik herausgenommen. Dadurch wurde es möglich, auch relativ breit auf die Fragen der Zustandsbeschreibung von Systemen einzugehen.

Das hat zur Folge, daß dieser Band einführenden Charakter hat; er entspricht in seinem Inhalt etwa einer einsemestrigen Vorlesung über die Grundbegriffe der Kybernetik an einer Ingenieurschule oder im Grundstudium einer Hochschule.

Durch die vielen allgemeinverständlichen Beispiele können auch Leser aus nichttechnischen Fachrichtungen an die Grundlagen dieser neuen Wissenschaft herangeführt werden.

Auf diesen allgemeinen begrifflichen Grundlagen können weiterführende fachbezogene Kybernetik-Lehrveranstaltungen unmittelbar aufbauen, z. B. „Kybernetische Systemtheorie" für Leser aus dem Gebiet der Automatisierungstechnik.

Herrn Doz. Dr. G. *Schwarze* sei an dieser Stelle für seine vielen wertvollen Hinweise zur Abfassung dieses Bandes herzlich gedankt.

Karl-Marx-Stadt *Manfred Peschel*

Inhaltsverzeichnis

1. Kybernetik — eine neue Wissenschaft

Erkennen und Handeln sind die Haupttriebkräfte jeder Tätigkeit des Menschen, sind die Grundlage seiner Existenz, wie der aller Lebewesen. Er gelangt zu Erkenntnissen, indem er die vielfältigen Erscheinungen der Umwelt über seine Sinnesorgane wahrnimmt und auf sich einwirken läßt. Dabei werden die Verläufe der für die beobachteten Erscheinungen charakteristischen physikalischen Größen in innere Signale, in Erregungszustände sensibler Elemente umgesetzt und dem Gehirn zugeleitet. Das Gehirn entscheidet über die auszuführenden Handlungen, über autonome vom Menschen gewollte Handlungen, über Reaktionen auf äußere Einwirkungen usw.

Erkennen und Handeln sind zwei Prozesse, die sich wechselseitig bedingen. Das Erkennen einer Gefahr z. B. macht zweckentsprechende Handlungen erforderlich, deren Ausführung laufend von entsprechenden Organen kontrolliert wird. Abweichungen der Handlung vom gestellten Ziel rufen nach ihrer Feststellung sofort neue Handlungen zur Korrektur auf den Plan.

Bekanntlich sind Erkenntnis- und Handlungsfähigkeit bei verschiedenen Menschen unterschiedlich ausgebildet. Es gibt Menschen, die bei einem Spaziergang durch den Wald fast nichts wahrnehmen, andere wieder verfolgen aufmerksam jeden Laut, jede Bewegung. Die Aufnahmefähigkeit hängt von erworbenen Vorkenntnissen ab.

Gleiche Arbeiten werden von verschiedenen Arbeitern mit unterschiedlicher Geschwindigkeit, Genauigkeit usw. ausgeführt, je nachdem, welche Fertigkeiten, welche Eignung sie für die Ausführung der betreffenden Tätigkeit besitzen.

Offenbar ist die Kopplung zwischen Erkennen und Handeln nicht ein für alle Mal fest vorgegeben, sondern ist durch den Zustand des Gehirns bestimmt. Im Moment läßt sich noch nicht eindeutig sagen, wie der Zustand des Gehirns im einzelnen festgelegt ist. Sicher wird er durch eingespeichertes Wissen über Erscheinungen und deren Zusammenhänge bestimmt, erworben durch eigene Beobachtung oder durch Mitteilung, sowie durch biologische Größen, die aktuellen Einfluß auf die Gehirnleistungen haben.

Dieser Zustand ist ständigen Änderungen unterworfen; Erziehung und Ausbildung haben das Ziel, den Zustand des Gehirns so zu verändern, daß gemäß den Normen der Gesellschaft positive Handlungen immer zweckentsprechender bei Anforderungen der Umwelt erzeugt werden, und die Möglichkeiten des Gehirns zu erhöhen, seine Erkenntnis- und Entscheidungsfähigkeit zu verbessern.

In diesem Sinne ist der Mensch ein sog. lernendes System. Sein Gehirn ist Speicher und Rechenmaschine zugleich mit einem Programm, das sich selbst oder von außen gesteuert so ändert, daß der Algorithmus der Umsetzung empfangener Informationen in nützliche Handlungen ständig verbessert wird.

Das Lernen hat zwei Seiten — eine differenzierende und eine integrierende. Beim differenzierenden Lernen werden Einzelerkenntnisse zusammengetragen, für noch unbekannte Erscheinungen Bezeichnungen eingeführt, der Zusammenhang der neuen Einzelerkenntnisse mit schon erworbenen Erkenntnissen hergestellt. Beim integrierenden Lernen wird von der Konkretheit der Einzelerkenntnisse weitgehend abstrahiert, es interessieren hier nur die Beziehungen innerhalb ganzer Hierarchien von Einzelerkenntnissen. Die konkreten Einzelerkenntnisse werden durch abstrakte Begriffe ersetzt und die bestehenden Beziehungen durch abstrakt logisch-mathematische Beziehungen. Es werden Hypothesen darüber aufgestellt, in welcher Weise sich die speziellen Erkenntnisse einer solchen Hierarchie von Erkenntnissen rein deduktiv aus wenigen Grunderkenntnissen ableiten lassen, und es wird vor allem die Frage untersucht, ob nicht noch andere konkrete Hierarchien von Erkenntnissen eventuell aus ganz anderen Gebieten durch gleiche Modellbetrachtungen beschrieben werden können.

Eine Sprache z. B. ist nicht einfach ein ungeordnetes Nebeneinander von Begriffen, sondern ist ein logisch geordnetes Begriffssystem. Um eine Sprache zu erlernen, geht man also zweckmäßigerweise so vor, daß man nicht Wort für Wort auswendig lernt, sondern die Worte aus ihrem natürlichen Zusammenhang heraus, d. h. aus Texten in ihrem Inhalt erfaßt. Das fällt unter den Begriff des differenzierenden Lernens; man lernt die Worte unterscheiden und durch Bezugnahme auf eine schon beherrschte Sprache verstehen.

Eine konkrete Sprache entspricht also einer konkreten Begriffshierarchie.

Jedoch gibt es ganze Klassen von Sprachen mit stark verwandten logischen Beziehungen zwischen den Begriffssystemen, d. h. mit sehr ähnlicher Grammatik. Integriertes Lernen bedeutet in diesem Fall die Aneignung einer abstrakten Grammatik. Offenbar erleichtert die Kenntnis einer solchen abstrakten Grammatik die Aneignung konkreter Sprachen, die weitgehend von einer derartigen Grammatik beherrscht werden. Das ist überhaupt die Bedeutung von Erkenntnissen, die durch integrierendes Lernen erworben werden. Solche Erkenntnisse gestatten eine rasche Erwerbung konkreter Begriffssysteme, deren Gesetzmäßigkeiten durch derartig abstrakte Erkenntnisse beherrscht werden.

Die unbedingte Notwendigkeit der gezielten Entwicklung integrierender Wissenschaften trat erstmalig im 20. Jahrhundert in Erscheinung. Dieses Jahrhundert ist gekennzeichnet durch einen ungeheuren Umschwung in den Anschauungen der Menschheit über die Natur und die Gesellschaft, durch einen raschen Prozeß der Vervielfältigung menschlichen Wissens, durch hohe Produktivität der Arbeit, durch ein rasches Veralten neuer Erkenntnisse.

Die Erkenntnisfähigkeit und Handlungsfähigkeit der Gesellschaft ist potenzierte Erkenntnisfähigkeit und Handlungsfähigkeit des einzelnen Individuums. Fest steht, daß der wissenschaftliche und gesellschaftliche Fortschritt nicht durch die bloße Summation der Erkenntnisse des Einzelmenschen zustande kommt; allgemeiner ausgedrückt, nicht durch das Nebeneinander von spezialisierten Einzelerkenntnissen im Sinne des differenzierenden Lernens, sondern vor allem durch die Synthese von speziellen Erkenntnissen zu allgemeinen Theorien, die möglichst große Wissensgebiete mit minimalem Aufwand beschreiben können.

Selbstverständlich ist notwendig, daß die Einzelwissenschaften immer tiefer in die von ihnen durchforschten Bereiche eindringen, um immer mehr konkrete Kenntnisse über die Natur zu gewinnen und damit deren Möglichkeiten besser auszunutzen. Jedoch wird dieses Bestreben in dem Maß entwertet, wie es immer schwieriger wird, überhaupt zu erfahren, welche Erkenntnisse bei bestimmten Spezialfragen von der Menschheit bereits erworben wurden. Man braucht wissenschaftliche Disziplinen, deren Hauptanliegen sein muß, in der Vielfalt des Erkannten dadurch Ordnung zu bringen, daß sie nach Gemeinsamkeiten suchen, d. h. abstrakte Begriffssysteme zur Einordnung des vielen konkreten Materials schaffen. Das erleichtert den Zugang zum Wissen der Menschheit und auch die Aneignung von Erkenntnissen. Die Ausbildungsinstitutionen müssen in immer größerem Umfang dazu übergehen, nicht einfach Tatsachenwissen mitzuteilen, sondern Modelle. Dem Schüler muß die Fähigkeit anerzogen werden, selbst konkretes Material richtig in abstrakte Schemata einzuordnen.

Die Kybernetik ist eine solche integrierende Wissenschaft. 1948 von *Norbert Wiener* [2] als Lehre von den Steuerungen und Regelungen und von Informationsübertragungen in Maschinen und Organismen ins Leben gerufen, ist die Kybernetik heute die Wissenschaft vom Aufbau und den dynamischen Eigenschaften von Systemen. Sie stellt eine allgemeine Systemtheorie dar, ihr Anwendungsbereich ist die gesamte objektive Realität. Man kann sie überall dort anwenden, wo Begriffe, wie Signal, System, Verhaltensweise, Steuerung, Information, Optimierung usw., eine Rolle spielen.

Ihre Wurzeln sind die Regelungs- und Steuerungstechnik, die Nachrichtentechnik, die Physiologie, die Mengenlehre und die mathematische Logik. Ihre modernsten Errungenschaften sind die universellen programmierbaren Analog- und Digitalrechner, die den Menschen von routinemäßiger geistiger Arbeit befreien sollen, damit er seine schöpferischen Kräfte voll entfalten kann, Einrichtungen, die den Weg zur vollautomatisierten Produktion und optimal gesteuerten Planung und Leitung ebnen sollen.

Die Kybernetik entwickelt abstrakte Modelle und Verfahren zur Steuerung der Eigenschaften von Systemen und bedient sich der Mathematik als ihrem wichtigsten Werkzeug. In der Allgemeinheit ihrer Aussagen über die Eigenschaften von Systemen hat die Kybernetik eine starke Verwandtschaft mit der Philosophie, die sich bemüht, allgemeinste Gesetzmäßigkeiten in Natur und Gesellschaft aufzudecken und nutzbar zu machen.

Die Kybernetik ist keineswegs der Versuch, alle Erscheinungen der realen Welt mit Hilfe einer einzigen Theorie zu erklären. Dann wäre sie, genau wie der Mechanizismus, zum Scheitern verurteilt, der alles Geschehen allein mit Hilfe mechanischer Gesetze erklären wollte. Sie ist lediglich ein Werkzeug zur Erkenntnis relativ allgemeiner, in vielen Erscheinungen auftretender Zusammenhänge. Sie führt dadurch zu einer Annäherung der Wissenschaften und zu der Möglichkeit, einen gewissen Grundbestand menschlicher Erkenntnis mit ihren Methoden einheitlich zu behandeln.

2. Grundbegriffe der Signaltheorie

2.1. Größen und Prozesse

Zur Beschreibung von Erscheinungen der realen Welt verwendet der Mensch Begriffe, allgemeine Bennenungen für spezielle gleichartige Erscheinungen, die ihm unmittelbar über die Sinnesorgane oder mittelbar zugänglich werden. Um z. B. den Vorgang des freien Falles eines Körpers zu beschreiben, bedient er sich der Begriffe Massenpunkt (als idealisiertes Modell des Körpers), Ort Weg, Geschwindigkeit, Beschleunigung und Kraft. Von wesentlicher Bedeutung sind die Begriffe der physikalischen Größen. Physikalische Größen sind quantifizierbare Beschreibungen spezieller Erscheinungen, der Wert einer physikalischen Größe macht eine Aussage für die „Intensität" der jeweiligen Erscheinung. Eindimensionale physikalische Größen erhalten durch Festlegung eines Nullpunktes und einer Einheit einen den jeweiligen Bedingungen entsprechenden Wert zugeordnet.

Die Ermittlung des Wertes erfolgt über ein sog. Meßgerät. Dieses ordnet dem „wahren" Wert eine Zahl zu. So mißt man z. B. die elektrische Spannung mit einem Voltmeter, die Temperatur mit einem Thermometer, den Druck durch Auslenkung einer Membran, das Gewicht mit einer Waage usw. Manche Meßgeräte sind ihrer Funktion nach lediglich Meßwandler, indem sie die unbekannte physikalische Größe in eine andere physikalische Größe umwandeln, der ein Zahlwert auf einfachere Weise zugeordnet werden kann. [RA 34]. Jedes Meßgerät ist Einflüssen unterworfen, die in ihrer Gesamtheit nie vollständig erfaßt werden können. Deshalb kann nie von einer umkehrbar eindeutigen Zuordnung zwischen dem Wert der zu messenden Größe und dem zugeordneten Zahlwert gesprochen werden. Jede Messung ist mit Fehlern behaftet. Die gemessenen Werte müssen in der Regel speziellen statistischen Datenverarbeitungsverfahren unterworfen werden, um den Einfluß zufälliger Fehler auf das Meßresultat herabzusetzen.

In der Regel behält eine physikalische Größe ihren Wert nicht bei, sondern dieser ändert sich in Abhängigkeit von der Zeit bzw. von anderen physikalischen Größen.

An eine sachgemäße Messung sollten also folgende beiden Forderungen gestellt werden:

a) Die Messung beeinflußt das der Messung unterworfene Objekt nur in vernachlässigbar geringem Maße

b) Die Zeitdauer des Meßvorganges muß klein sein gegenüber den Zeitintervallen, in denen es bereits zu merklichen Änderungen des Wertes der Meßgröße kommt.

Die Werte physikalischer Größen hängen also in der Regel von der Zeit ab. Mit schnellen und feinauflösenden Meßgeräten bzw. schreibenden Meßgeräten kann man Zeitverläufe physikalischer Größen für den Zeitraum der Registrierzeit ermitteln.

Das führt uns zu der Abstraktion des physikalischen Prozesses, als eines allgemeinen Verlaufs einer physikalischen Größe. Während zu einem festen Zeitpunkt die Größe einen ihrer möglichen Werte annimmt, abhängig von den jeweiligen konkreten Bedingungen, unter denen gemessen wurde, nimmt ein Prozeß als „Wert" einen bestimmten zeitlichen Verlauf der physikalischen Größe entsprechend den Bedingungen im Meßintervall an.

Über den Begriff des physikalischen Prozesses kommt man zu neuartigen Meßgrößen in Form von Prozeßkenngrößen, die gar nicht mehr Werte besitzen, die Zeitpunkten fest zugeordnet sind, sondern denen erst jeweils im Verlauf eines bestimmten Intervalls ein Wert zugeordnet werden kann, z. B. gleitende Mittelwerte, quadratische Mittelwerte, Überschwingweite, Überschwinghäufigkeit. Dauer des Übergangsvorganges, Impulsbreite usw.

Man muß den Anwendungen entsprechend den Prozeßbegriff noch weiter fassen. Eine über den Raum verteilte physikalische Größe, z. B. die Temperaturverteilung in der Atmosphäre ist eine Größe, deren Wert sicher vom Ort (x, y, z) abhängig ist. Solche Größen nennt man Felder. Da sich im allgemeinen an jeder Stelle der Wert zusätzlich noch zeitlich ändert, kommt man zu Größen, deren Werte zeitlich und räumlich veränderlich sind. In diesem Fall spricht man von Feldprozessen. Ihre Realisierungen werden beschrieben durch Funktionen $f(x, y, z, t)$. Ferner ist möglich, daß der Wert einer physikalischen Größe außer von Raum und Zeit noch von Werten anderer physikalischer Größen abhängig ist. In diesem Fall kommt man zu Verläufen der Form $f(x, y, z, t, u)$, wenn zusätzlich noch eine Einflußgröße u vorhanden ist. Solche Prozesse heißen steuerbare Prozesse. Weiterhin ist zu bedenken, daß jede Messung mit Fehlern behaftet ist, d. h., wir können in keinem Falle davon sprechen, daß die Realisierung irgendeines Prozesses durch eine wohldefinierte Funktion $f(x, y, z, t, u)$ beschrieben werden könnte, sondern jeder reale Ablauf hängt außer von Raum und Zeit und Steuergrößen noch von zufälligen Einflüssen ab.

Reale Prozesse sind also stets zufällige Prozesse, deren Verläufe unter gleichen erfaßbaren Bedingungen bei Wiederholungsmessungen stets etwas anders aussehen.

Solche stochastischen Verläufe versucht man mit den Hilfsmitteln der Wahrscheinlichkeitsrechnung in ihren Eigenschaften zu erfassen. Nur wenn der Zufallseinfluß als vernachlässigbar gering angesehen werden kann, kommt man von einem stochastischen Prozeß zu einem näherungsweise durch eindeutige Funktionen beschreibbaren Prozeß. Einen solchen Prozeß nennt man deterministisch; zu seiner Beschreibung braucht man nur die Hilfsmittel der Analysis.

2.2. Klassifizierung von Signalen

Die nachfolgenden Betrachtungen beziehen sich nur auf Prozesse im engeren Sinne, deren Realisierungen nur von der Zeit abhängen. Diese können durch Zeitfunktionen $y(t)$ beschrieben werden, der Funktionswert zum Zeitpunkt t soll Wert des betreffenden Signals heißen. Die Signaleinteilung geschieht durch die Unterscheidung charakteristischer Eigenschaften des Wertebereichs und des Definitionsbereichs der Signalverläufe. Sind als Werte eines Signals alle Zahlen eines Intervalls möglich, so spricht man von einem analogen Signal, sind jedoch als Werte nur Zahlen zugelassen, von denen je zwei einen endlichen Abstand voneinander haben, so heißt das Signal diskret.

Entspricht jedem Zeitpunkt eines gewissen Zeitintervalls ein Wert des Signals, so handelt es sich um ein kontinuierliches, haben jedoch je zwei Zeitpunkte, denen Signalwerte zugeordnet sind, einen endlichen Abstand voneinander, so handelt es sich um ein diskontinuierliches Signal. Durch Kombination beider Kriterien gelangt man sowohl für den Fall der stochastischen als auch der deterministischen Signale zu folgenden vier wichtigen Signaltypen:

analog-kontinuierlich, analog-diskontinuierlich, diskret-kontinuierlich, diskret-diskontinuierlich.

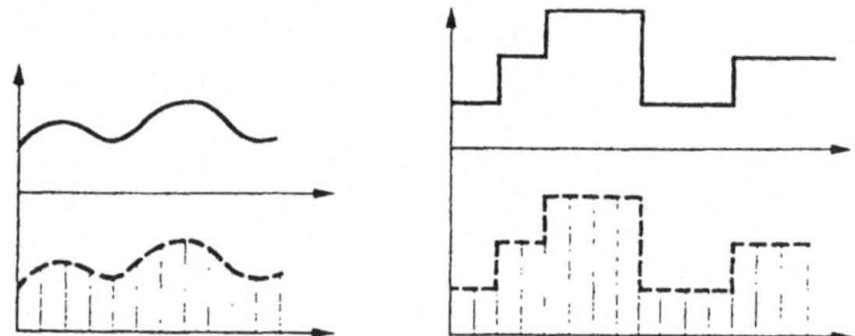

Bild 1. Realisierungen für analog-kontinuierliche, analog-diskontinuierliche, diskret-kontinuierliche und diskret-diskontinuierliche Signale

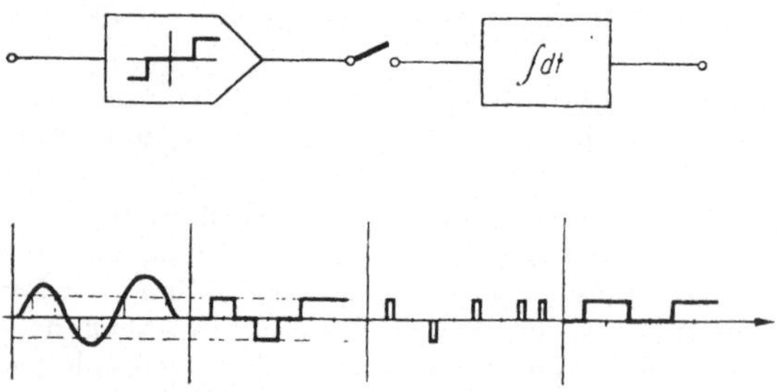

Bild 2. Umwandlung eines beliebigen Signals in ein diskret-kontinuierliches Signal

Bild 1 zeigt je eine Realisierung für diese vier Signaltypen. Analog-kontinuierlich ist z. B. der zeitliche Verlauf der Körpertemperatur oder des Blutdrucks, analog-diskontinuierlich ist ein jedes, aus einem analog-kontinuierlichen Signal durch Abtastung gewonnenes Signal (s. Bild 1) bzw. jedes Signal, dessen Wert erst durch den Ablauf einer anderen Größe über ein gewisses Intervall festgelegt wird, z. B. der minütliche Sauerstoffverbrauch. Diskret-kontinuierliche Abläufe haben alle Größen,

10

die ihre Werte jeweils nur sprunghaft ändern können, wobei die Sprung-
höhen aus einem Vorrat von endlich vielen verschiedenen gewählt werden
dürfen. Im Bild 2 ist eine Vorrichtung gezeigt, die ein beliebiges Signal
am Eingang in ein diskret-kontinuierliches Signal umwandelt. Derartige
Einrichtungen finden in sog. Impuls-Relais-Regelsystemen breite Verwendung. Von größter Bedeutung sind die diskret-diskontinuierlichen
Signale, und zwar vor allem für den Fall, wo die Zeitpunkte, an denen
Signalwerte definiert sind, eine äquidistante Folge iT bilden, $i = 0, 1,$
$2, \ldots$ T ist dabei die sog. Tastperiode oder Schrittweite. Solche Signale
nehmen also in einem bestimmten Taktzeitpunkt einen Wert aus einem
endlichen (oder abzählbaren) Symbolvorrat, dem sog. Signalalphabet an.
Signale von diesem Typ werden in großem Umfang in diskreten Steu-
erungssystemen, z. B. bei numerisch gesteuerten Werkzeugmaschinen und
bei den universellen Digitalrechnern eingesetzt. Derartige Signale heißen
digitale Signale, wenn die Symbole des Signalalphabets Ziffern- bzw.
Zahlbedeutung haben.

2.3. Signal und Information

Bei einem jeden Signal hat man zwischen Form und Inhalt zu unterscheiden. Die Form eines Signals ist der zeitliche Verlauf einer physikalischen Größe. Der Inhalt des Signals ist seine Bedeutung für einen aus-
gewählten Empfänger: er entnimmt dem Signal bestimmte Informationen.
Diese brauchen nicht unmittelbar mit den einzelnen Signalwerten zu-
sammenzuhängen, die den Zeitpunkten zugeordnet sind, sondern sind
in das Signal eingelagert in Gestalt bestimmter Veränderungen eines sog.
informationstragenden Parameters. Für den Empfänger von Interesse
sind allein die Zustände dieses Parameters. Es ist dabei durchaus möglich,
daß ein solcher Zustand jeweils erst durch einen zeitlichen Ablauf des
physikalischen Trägers in einem bestimmten Zeitintervall festgelegt ist.

Bei der Rundfunkübertragung unterscheidet man Amplituden- und
Frequenzmodulation. Der physikalische Träger in beiden Fällen ist eine
harmonische Schwingung. Im Fall der Amplitudenmodulation ist die
Schwingungsamplitude, die immer nur nach Ablauf einer vollen Periode
einen neuen Wert annehmen kann, informationstragender Parameter.
Bei der Frequenzmodulation wird die Frequenz der harmonischen Schwingung mit dem Nutzsignal moduliert, informationstragender Parameter
ist hier der zeitliche Abstand aufeinanderfolgender Nulldurchgänge der
Trägerschwingung.

Für einen Empfänger haben nur solche informationstragenden Signale
eine Bedeutung, die zufällige Signale sind, d. h., wenn die Wertefolge des
informationstragenden Parameters nicht dem Empfänger im voraus
bekannt ist. In diesem Sinne ist für uns, wenn wir ein Buch lesen, die
Folge der Buchstaben, die wir nacheinander Zeile für Zeile aufnehmen,
der Text, ein zufälliges Signal, obgleich natürlich der gedruckte Text
völlig fixiert ist. Man sieht hieraus, daß es oftmals nur eine Frage des
Standpunktes ist, ob ein gegebenes Signal ein zufälliges oder ein deterministisches Signal ist.

Bei Betrachtungen über Nachrichtenübertragungseinrichtungen, wie Sender, Empfangsgeräte, Kodier- und Dekodiereinrichtungen, der Übertragungskanäle usw., muß man natürlich die Nachrichten stets als zufällige Signale ansehen, weil solche Einrichtungen zur Verarbeitung vieler Signale gedacht sind und ihre Auslegung sich auf die Gesamtheit aller möglichen Signale und deren statistische Eigenschaften orientieren müssen. Aus diesem Grund beschäftigt sich die sog. Informationstheorie im wesentlichen nur mit zufälligen Signalen.

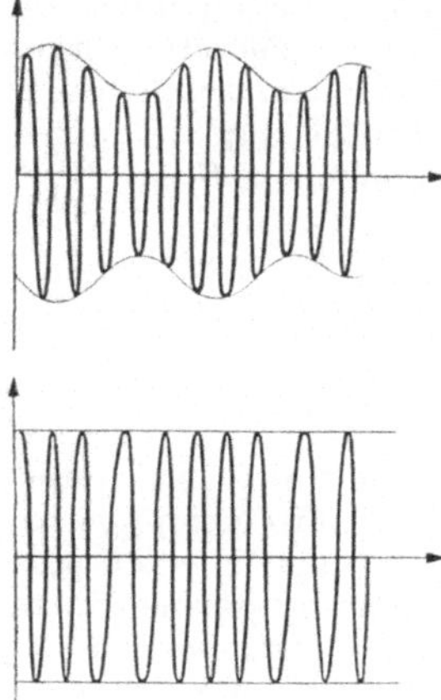

Bild 3
Amplituden- bzw. frequenzmodulierte Signale

2.4. Wahrscheinlichkeit und Information

2.4.1. *Wahrscheinlichkeitsbegriff*

Der grundlegende Begriff der Wahrscheinlichkeitsrechnung ist der Begriff des zufälligen Ereignisses. Unter einem Ereignis versteht man eine beliebige Erscheinung, die unter bestimmten Bedingungen eintreten kann, jedoch nicht zwangsläufig eintreten muß. Mit einem Spielwürfel eine 6 zu würfeln, ist ein zufälliges Ereignis, ebenso ist die Zahl der Würfe, die erforderlich sind, ehe zum ersten Mal eine 6 gewürfelt wird, ein zufälliges Ereignis. Häufig beschreiben zufällige Ereignisse sog. Massenerscheinungen, d. h. Erscheinungen, die unter gleichen Bedingungen beliebig oft wiederholt werden können. In diesem Fall kann man den Grad der Zufälligkeit eines zufälligen Ereignisses quantitativ mit Hilfe der sog. Wahrscheinlichkeit erfassen.

Führt man nämlich n-mal hintereinander den Versuch durch, in dessen Verlauf ein bestimmtes zufälliges Ereignis eintreten kann, aber nicht eintreten muß, zählt dann ab, wie oft es effektiv eingetreten ist und setzt diese Auftrittszahl m zur Versuchszahl n ins Verhältnis, so bekommt man die relative Häufigkeit m/n. Diese hat die Eigenschaft mit wachsender Zahl n von Versuchen sich immer mehr einer bestimmten Zahl zu nähern, wenn die Versuche unter gleichen Bedingungen und unabhängig voneinänder ausgeführt werden. Die in dieser Weise als „Grenzwert" der relativen Häufigkeiten erhaltene Zahl, die unter festen Bedingungen einem zufälligen Ereignis zugeordnet werden kann, nennt man die Wahrscheinlichkeit dieses Ereignisses.

Ist A das in Frage stehende zufällige Ereignis, so gilt offenbar für dessen Wahrscheinlichkeit $p(A)$ die Ungleichung

$$0 \leq p(A) \leq 1$$

Für die Wahrscheinlichkeitsrechnung sind gewisse Operationen mit Ereignissen von Wichtigkeit.

Einem Ereignis A ordnet man das sog. Komplementärereignis A zu, das genau dann eintritt, wenn A nicht eintritt.

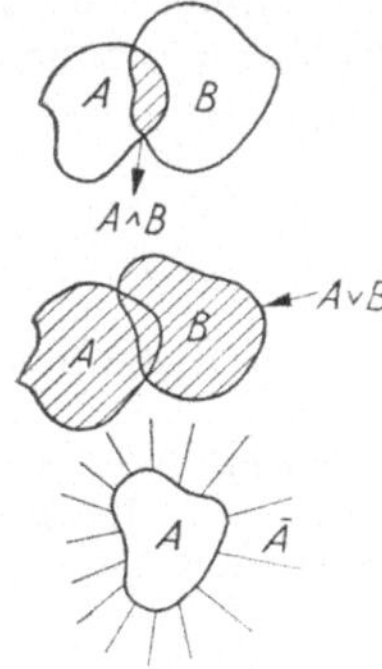

Bild 4
Veranschaulichung der Ereignisoperationen durch Punktmengen

Zwei Ereignissen A, B ordnet man das Konjunktionsereignis $A \wedge B$ zu, das genau dann eintritt, wenn sowohl A als auch B eintreten. Zwei Ereignissen A, B ordnet man das sog. Disjunktionsereignis $A \vee B$ zu. Dieses wird genau dann beobachtet, wenn A oder B beobachtet werden (im Sinne des „nicht ausschließenden ODER").

Die Wahrscheinlichkeitsbewertung $p(A)$ von zufälligen Ereignissen genügt den folgenden Gesetzmäßigkeiten:

$$p(\overline{A}) = 1 - p(A)$$

Schließen sich die Ereignisse A, B gegenseitig aus, so gilt

$$p(A \vee B) = p(A) + p(B) \qquad \text{(Summensatz)}$$

Die Gültigkeit des Summensatzes wird auch für die Disjunktion unendlich vieler einander ausschließender Ereignisse verlangt.

Sind die Ereignisse A und B voneinander unabhängig, so gilt

$$p(A \wedge B) = p(A)p(B) \qquad \text{(Produktsatz)}$$

Wir wollen dazu ein einfaches Anwendungsbeispiel betrachten:

A sei das Ereignis mit einem Spielwürfel eine 6 zu würfeln. Offenbar ist aus Symmetriegründen $p(A) = 1/6$.

A_i sei das Ereignis, daß genau i-Würfe nötig sind, bis zum ersten Mal eine 6 gewürfelt wird.

Dieses Ereignis setzt sich offensichtlich folgendermaßen zusammen:

$$A_i = (1.\ \text{Wurf}\ \bar{A})\,(2.\ \text{Wurf}\ \bar{A})\ldots(i-1.\ \text{Wurf}\ \bar{A})\,(i.\ \text{Wurf}\ A)$$

Wegen der Unabhängigkeit der einzelnen Würfe ist dann

$$p(A_i) = (1-p)^{i-1}p = (5/6)^{i-1}\,1/6$$

Wir betrachten das Ereignis

$$S = A_1 \vee A_2 \vee \ldots \vee A_i \vee \ldots$$

Dieses hat offenbar die Bedeutung: „Es wird überhaupt einmal eine 1 geworfen. Weil die Ereignisse A_i sich gegenseitig ausschließen, können wir den Summensatz anwenden und erhalten

$$p(S) = 1/6 \sum_{i=1}^{\infty} (5/6)^{i-1} = 1$$

Das erhaltene Ereignis, das sog. sichere Ereignis S, tritt mit Sicherheit ein.

Für die Anwendung der Wahrscheinlichkeitsrechnung benötigt man den Begriff des *endlichen Schemas*. Ein endliches Schema bildet jede Klasse von Ereignissen A_1, A_2,...,A_k, von denen bei jedem Versuch jeweils nur genau eins beobachtet wird. Sie schließen sich gegenseitig aus, ihre Disjunktion stellt jedoch ein sicheres Ereignis dar.

Ein endliches Schema ist statistisch vollkommen beschrieben, wenn man die Wahrscheinlichkeiten $p(A_i) = p_i$ kennt, für die gelten muß

$$\sum p_i = 1.$$

Ein endliches Schema in diesem Sinn bilden die möglichen Würfelresultate. Das Ereignis A_i soll genau dann eintreten, wenn eine Ziffer i gewürfelt wird, offenbar ist hierfür $i = 1, 2,\ldots, 6$ stets $p(A_i) = 1/6$.

2.4.2. *Entropie als Maß der in einem endlichen Schema enthaltenen mittleren Information*

Von *Claude Shannon* stammt das Modell des diskreten Nachrichtenkanals. Ein solcher Kanal überträgt diskret-diskontinuierliche Signale von einem Sender zum Empfänger. Bei Entwurfsproblemen der Nachrichtenübertragung benötigt man ein quantitatives Maß für die Information, die in zufälligen diskret-diskontinuierlichen Signalen enthalten ist. Ein solches Maß hat *Shannon* aufbauend auf einer aus dem Jahre 1928 stammenden Festsetzung von *Hartley* geschaffen. Dieses Maß, die Entropie, gestattet keine inhaltliche Bewertung der im Signal enthaltenen Information, sondern ist mehr eine formale Bewertung der strukturellen Kompliziertheit bzw. der Unbestimmtheit der Nachricht.

Die verwendeten Signale kommen so zustande, daß zu jedem Sendezeit-
punkt ein Symbol des möglichen Signalvorrats $A_1, A_2, \ldots, A_k$ gesendet
wird. Zu jedem Sendezeitpunkt ist der Empfänger über das zu erwartende
Symbol in Ungewißheit. Die Ungewißheit, die er im Mittel je empfange-
nes Symbol verliert, wird nach *Shannon* als die im Mittel je Symbol
empfangene Information definiert.
Ein quantitatives Maß für diese Unbestimmtheit ist gleichzeitig dann ein
Maß für die empfangene Information.
Ein jegliches Unbestimmtheitsmaß muß berücksichtigen, mit welchen
Wahrscheinlichkeiten $p(A_i) = p_i$ die verschiedenen Symbole A_i gesendet
werden können, d. h. muß die Wahrscheinlichkeitsverteilung des end-
lichen Schemas

$$\begin{pmatrix} A_1 & A_2 & \ldots & A_k \\ p_1 & p_2 & \ldots & p_k \end{pmatrix}$$

beachten. Offenbar ist die Unbestimmtheit dann am größten, wenn die
Wahrscheinlichkeiten für alle Symbole etwa gleich groß sind. Diese größt-
mögliche Unbestimmtheit muß mit wachsender Zahl k der gleichwahrscheinlichen Symbole zunehmen.
Diese und eine Reihe anderer sinnvoller Eigenschaften besitzt die *Entropie*

$$H = -\sum p_i \operatorname{ld} p_i$$

(hierin ist ld der Logarithmus zur Basis 2)

Die Informationseinheit ist 1 bit. Diese wird erhalten bei einem Versuch
eines endlichen Schemas aus zwei gleichwahrscheinlichen Ereignissen.
Selbstverständlich berücksichtigt man bei der Übertragung von diskreten
Nachrichten auch noch weitergehende statistische Eigenschaften als
nur die Wahrscheinlichkeiten der einzelnen Symbole, z. B. die Entropie
aller möglichen Silben aus zwei Buchstaben unter Beachtung ihrer statistischen Kopplungen in realen Texten, die Entropie der Worte aus
drei Buchstaben usw.

2.5. Signalerzeugung

Die Signalerzeugung geschieht in den sogenannten Signalquellen. Als
Signalquellen kommen natürliche Systeme in Frage, wenn gewisse innere
Vorgänge über Verläufe physikalischer Größen nach außen hin wirksam
werden. So werden z. B. in der Medizin die natürlichen Abläufe von Körpergrößen, wie Blutdruck, Herzfrequenz, Gehirnpotentiale usw., zu Signalen biologischer Lebensabläufe, in der Astrophysik dienen als natürliche
Signalquellen die Himmelskörper. Diese Signale geben in Form magne-
tischer Erscheinungen bzw. elektromagnetischer Wellen Kunde über
Vorgänge atomarer Natur in den Sternen usw. In Werkhallen, in denen
viele Werkzeugmaschinen gleichzeitig betrieben werden, ist die Lärm-
belastung sehr störend und gesundheitsschädlich. Jedes einzelne Aggregat
ist eine Lärmquelle. Statistische und spektrale Untersuchungen der

Lärmsignale erlauben Rückschlüsse auf ihre Entstehungsursachen. Man erhält Hinweise, um den Lärmpegel zu vermindern. In der Meßtechnik, insbesondere der Betriebsmeßtechnik, nutzt man in großem Umfang natürliche Signalquellen aus. Durch fortlaufendes Messen von Dampfdruck und Temperatur im Dampfkessel bei den Dampferzeugern verfolgt man den Prozeß der Dampferzeugung. Die Verläufe von Lastmoment, Drehzahl und Feldspannung geben Aufschluß über die Arbeitsweise eines Elektromotors, die Messung von Druckverlauf und Massenstrom charakterisiert die Arbeitsweise von Hydropumpen usw. Das Messen ist die Grundlage für den wirkungsvollen Einsatz technischer Systeme. Die Systeme, in denen die Meßgrößen anfallen, können als Signalquellen in der Regel als natürliche Signalquellen der Meßsignale aufgefaßt werden.

Der Mensch hat zum Zwecke der Kommunikation bzw. zur gezielten Beeinflussung auch künstliche Signalquellen geschaffen. So gibt es technische Systeme zur Erzeugung aperiodischer Signale, z. B. Impulsgeneratoren zur Erzeugung periodischer Signale, Generatoren für Sinussignale oder Sägezahngeneratoren usw.

Die so erzeugten Signale dienen in der Regel als Testsignale zur Untersuchung von Systemeigenschaften (RA 1. 10. 11). Die wichtigsten derartigen Testsignale sind:

Einheitssprungfunktion
$$1(t) = \begin{cases} 1 & t > 0 \\ 0 & t \leqq 0 \end{cases}$$

Einheitsimpulsfunktion oder Nadelimpuls $\delta(t)$

Sinussignale der Form $A \sin(\omega t - \varphi)$

Hierbei nennt man A die Amplitude, ω die Kreisfrequenz und φ die Phase des Sinussignals (s. Bild 5).

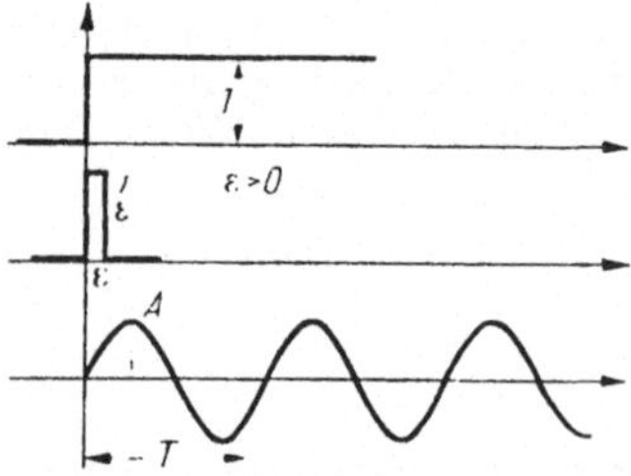

Bild 5
Die Grundtestsignale für analoge lineare Systeme: Einheitssprung. δ-Impuls und Sinussignal

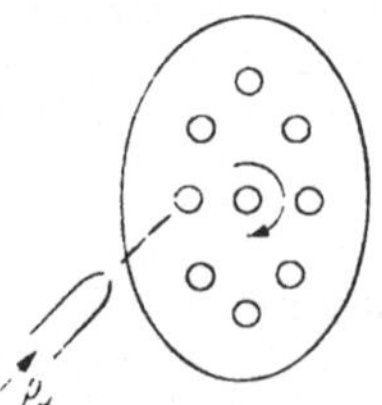

Bild 6
Impulsfolgenerzeugung durch Lochscheibengenerator in der Pneumatik

Bild 6 zeigt einen Lochscheibengenerator zur Erzeugung pneumatischer Druckimpulse. Durch passende Formgebung des Umfangs der Scheibe ist man in der Lage beliebige periodische Drucksignale zu erzeugen.

Häufig hat man die Möglichkeit, einige Parameter der erzeugten Signale durch Steuerung gezielt zu beeinflussen: man kann die Signale modulieren.

16

Durch Modulation der Amplitude einer Sinusschwingung in der Form
$(A_0 + k(t))\sin \omega t$ erhält man ein amplitudenmoduliertes Sinussignal. Signale dieser Form dienen der Informationsübertragung beim Rundfunk
im Mittelwellenbereich. Moduliert man die Frequenz eines harmonischen
Signals in der Form $A \sin((\omega e + k(t))t)$, so erhält man ein frequenzmoduliertes Signal. Diese Signale dienen der Informationsübermittlung
beim Rundfunk im UKW-Bereich.
Bei Impulsfolgen hat man die Möglichkeit die Impulshöhe, Impulsbreite,
den Impulsabstand bzw. die Impulsanzahl in festen Zeitintervallen zu
modulieren. Diese Modulationsarten werden in Nachrichtenübertragungssystemen sowie bei der Datenfernübertragung ausgenutzt. Von besonderer Wichtigkeit ist die Impulskode-Modulation. Hier hat man die
Möglichkeit das Auftreten oder Nichtauftreten eines Standardimpulses
in Zeitpunkten einer äquidistanten Folge, der Taktfolge, durch äußeren
Eingriff zu steuern.
Man faßt dabei k aufeinanderfolgende Taktzeitpunkte zu einer Gruppe
zusammen. Kode-Werte sind die an den Zeitpunkten einer solchen Gruppe
möglichen Impulskonfigurationen. Die Impulskodemodulation wird in
großem Umfang in den Digital-Rechnern verwendet. Hier entspricht
jedem Kodewort ein Befehl oder eine Zahl.

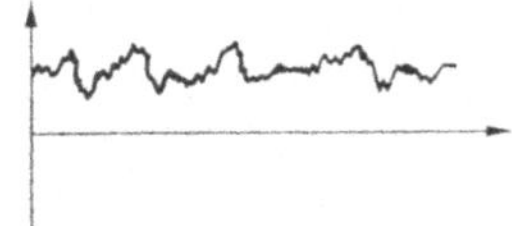

Bild 7
*Realisierung eines normalverteilten stationären
zufälligen Prozesses*

Für die Anwendung stochastischer Verfahren zur Systemuntersuchung
hat man die Möglichkeit, sog. Rauschgeneratoren zu verwenden. Diese
Generatoren, die am häufigsten auf Widerstands- oder Verstärkerrauschen beruhen, erzeugen als Signale Realisierungen zufälliger Prozesse
mit teilweise konstanten Eigenschaften, z. B. konstanten Mittelwert und
konstanten Effektivwert.
Bild 7 zeigt die Registrierung eines normalverteilten zufälligen Prozesses.

2.6. Signalkodierung und Signalumwandlung

Unter der Signalkodierung versteht man die Darstellung eines Signals
in einer für den jeweiligen Anwendungsfall geeigneten Form. So ist z. B.
auch die Darstellung eines analogen Signals als Einhüllende der Extremwerte einer harmonischen Schwingung bei der Amplitudenmodulation
als eine Kodierung aufzufassen. Die für die Praxis bedeutsamsten Kodierungsformen bestehen' allerdings darin, daß man ein gegebenes Signal
möglichst genau durch ein diskretes diskontinuierliches Signal ersetzt.
Hierbei sind die Signalwerte einer äquidistanten Folge von Taktzeitpunkten zugeordnet und die möglichen diskreten Werte sind ganze
Zahlen. Die ganzen Zahlen werden entweder unmittelbar als unterscheidbare Zustände eines Mehrpunktgliedes (s. Bild 8) repräsentiert oder durch

eine Zustandsfolge (Kodewort) eines Mehrpunktgliedes dargestellt, dessen
Zustandszahl kleiner ist als die Zahl der darzustellenden Zahlwerte.
Wichtig ist hierbei, daß die Zuordnung zwischen den Kodeworten und
den kodierten Zahlen umkehrbar eindeutig ist, daß Fehler an einzelnen
Wertstellen sich möglichst wenig auf den Zahlwert auswirken und der
gewählte Kode möglichst übertragungssicher ist. In vielen Fällen verwendet man zur Zahlendarstellung Positionskode. Ist a die Zustandszahl des verwendeten Mehrpunktgliedes (Bild 8 zeigt die Kennlinie eines

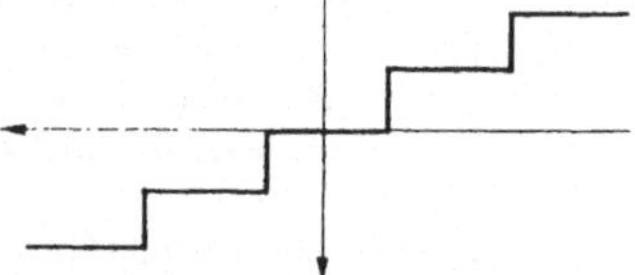

Bild 8
Statische Kennlinie eines 5-Punktgliedes

5-Punktgliedes, ein Motor mit zwei Rechtslauf- und zwei Linkslaufge-
schwindigkeiten und einer neutralen Zone) und n eine ganze Zahl aus
dem zur Signaldarstellung verwendeten Alphabet, so beruht der Positionskode auf der Darstellung von n als Summe von Potenzen der
Basis a

$$n = b_k a^k + b_{k-1} a^{k-1} + \ldots b_1 a + b_0$$

Hierbei gilt für die Koeffizienten

$$0 \leq b_i \leq a-1$$

Am leichtesten realisierbar und am sichersten sind Zweipunktglieder,
deren Verhalten durch eine Relais-Kennlinie beschrieben wird. Man
spricht in diesem Fall von der direkten Dualkodierung der ganzen Zahl n.

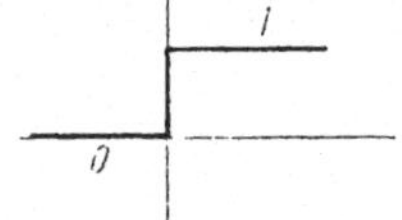

Bild 9. Relais-Kennlinie

Die Ziffern 0 bis 9 haben hierbei folgende direkten Dualkode-Worte

0 = 0000	5 = 0101
1 = 0001	6 = 0110
2 = 0010	7 = 0111
3 = 0011	8 = 1000
4 = 0100	9 = 1001

Um analoge Signalwerte, z. B. analoge Drehwinkel, in direkt dualkodierte Kodeworte zu überführen, kann man sich einer Kodescheibe bedienen, wie sie Bild 10 zeigt. Hierbei handelt es sich um einen sog. Analog-Digital-Wandler (A/D-Wandler). Die Scheibe ist in vier Ringzonen eingeteilt, denen von außen nach innen die Potenzen 2^0, 2^1, 2^2 und 2^3 entsprechen. Jedem Ring ist eine Photozelle zugeordnet; die vier Photozellen befinden sich festmontiert bei nichtausgelenkter Scheibenstellung hinter den jeweiligen Stellen des Kodewortes 0000. Der Zustand 0 wird durch undurchsichtigen, der Zustand 1 durch einen durchsichtigen Scheibenabschnitt wiedergegeben. Die angegebene Kodierung ist beim Kodescheiben-A/D-Wandler nicht günstig, weil geringe Scheibenstellungsunterschiede zu beträchtlichen Zahlunterschieden führen können. So kann im gegebenen Fall z. B. die Zahl 0 mit der Zahl 15 in Verwechslung kommen. Besser wäre offenbar eine Anordnung der Kodeworte auf der Scheibe, wo bei geringen Stellungsfehlern der Zählfehler höchstens ± 1 betragen kann.

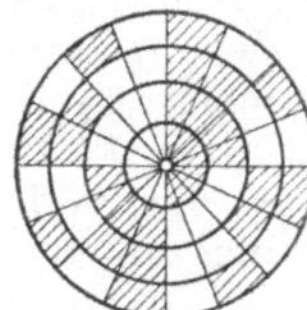

Bild 10
Kodescheibe für den direkten Dualkode

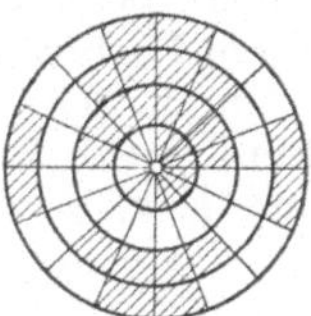

Bild 11
Kodescheibe für den Gray-Kode

Dieser Forderung genügt offenbar der sog. *Gray-Kode*, für den eine Kodescheibe im Bild 11 wiedergegeben ist. Hier entsprechen den Ziffern 0, 1, 2,... die Kodeworte 0000, 0001, 0011 usw. A-D-Wandler werden benötigt, wenn man die analoge Meßinformation in digitaler Form mit Hilfe von Rechnern weiterverarbeiten muß. Soll das erhaltene Rechenergebnis wieder in analoger Form in einer Einrichtung wirksam werden, so benötigt man für die Rückverwandlung einen Interpolator, einen sog. Digital-Analog-Wandler (D/A-Wandler). Bei der einfachsten Form eines D/A-Wandlers werden z. B. Normspannungen zur Verfügung gestellt, deren Größen sich wie die Potenzen von 2 verhalten. Diese Spannungen werden dem Kode entsprechend in einem Summationsverstärker zu

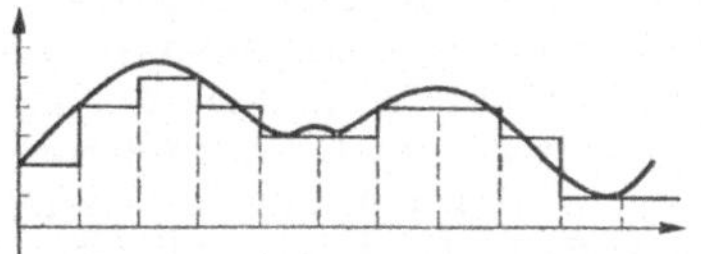

Bild 12
Umwandlung einer Impulsfolge in ein diskret-kontinuierliches Signal

einem Analogwert summiert und dieser Analog-Wert wird über ein Halteglied über eine ganze Taktperiode gehalten. Diese Art der Rückverwandlung entspricht der Interpolation, der ursprünglich analogen Funktion, in Form einer Treppenkurve, wie das Bild 12 zeigt.

Die A/D- und D/A-Umsetzungen stellen natürlich nur bestimmte spezielle, wenn auch häufig angewendete Arten der Signalumwandlung dar. Von größter Bedeutung ist natürlich auch die Signalumwandlung analoger Signale wieder in analoge Signale z B. beim Messen. Hierbei wird einem jeden zeitlichen Verlauf der Meßgröße, z. B. des Druckes durch einen Meßfühler, durch einen Membranmeßfühler, ein eindeutig bestimmter Verlauf der registrierten Größe, in unserem Fall der Membranauslenkung zugeordnet. Bei störungsfreier Messung kann der Verlauf der Registriergröße ein äußerlich ganz anderer als der Verlauf der Meßgröße aufgrund der Trägheitseigenschaften des verwendeten Meßfühlers sein. Wichtig ist jedoch, daß bei Kenntnis der Eigenschaften des Meßgerätes aus dem beobachteten Verlauf der Ausgangsgröße eindeutig auf den Verlauf der Meßgröße zurückgeschlossen werden kann, der der Messung unterworfen wurde, d. h., daß eine eindeutige Dekodierung des erhaltenen Ausgangssignals möglich ist. Bild 13 zeigt schematisch die Änderung der Farbschichtdicke beim Bedrucken einer Papierbahn aufgrund einer sprunghaften Veränderung der Einstellung der Farbzuführung. Der Farbtransport erfolgt über Walzen. Die Totzeit T_t ist dabei durch den reinen Farbtransport über den Weg von der Farbzuführungswalze bis zum Druckwert bestimmt, der allmähliche „exponentielle" Anstieg rührt davon her, daß auf den Zuführungs- bzw. Farbverteilungswalzen eine gewisse Farbspeicherung eintritt, die das volle Farbmehrangebot erst nach Ablauf einer gewissen Verzögerungszeit voll wirksam werden läßt.

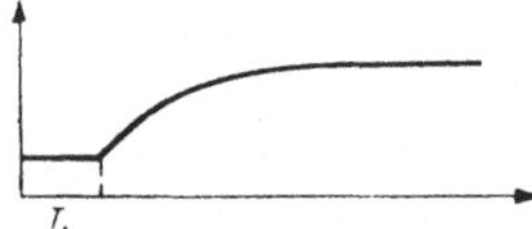

Bild 13
Farbschichtdickenänderung auf einer Papierbahn

Kein reales System ist frei von unerwünschten Einflüssen, deshalb kann bei keiner Art von Kodierung und nachfolgender Signalumwandlung bzw. Signalübertragung eine eindeutige Dekodierung gewährleistet werden. Es gibt auf statistischer Grundlage Entscheidungsverfahren, die gestatten, bei empfangenen verfälschten Signalen, die aufgrund von Störungen entstandenen Wirkungen teilweise wieder rückgängig zu machen. Eine andere Möglichkeit sich bei diskreten diskontinuierlichen Signalen gegen Störungen zu schützen, besteht darin, daß man redundante Kodeworte verwendet, d. h. Kodeworte, die so unterschiedlich sind, daß sie auch bei großen zu erwartenden Störungen nicht ineinander übergeführt werden können. Diese Maßnahmen führen zu einer Vergrößerung der Wortlänge. Man kann das z. B. so realisieren, daß man an die vereinbarten Kodeworte noch sog. Kontrollstellen anfügt, die so mit Alphabetsymbolen besetzt werden, daß alle verwendeten verlängerten Kodeworte einer Anzahl von Nebenbedingungen genügen müssen. Aus dem Nichterfüllen dieser Bedingungen kann man Fehler erkennen und teilweise sogar korrigieren. Betrachten wir als Beispiel diskrete Signale, die im Dualalphabet der beiden Buchstaben 0 und 1 kodiert sind. Zu jedem

Taktzeitpunkt kann eines der beiden Symbole vom Sender an den Übertragungskanal abgegeben werden. Durch die Kanalstörungen kann es
dazu kommen, daß das empfangene Symbol als 1 aufgefaßt werden muß,
obwohl eine 0 gesendet worden ist bzw. umgekehrt. Um sich gegen Ver-
fälschungen dieser Art zu schützen, kann man folgendes Vorgehen wählen:
Man setzt die Übertragungsgeschwindigkeit auf den dritten Teil herab
und sendet anstelle des Symbols 1 das dreistellige Wort 101 und anstelle
des Symbols 0 das Wort 010 an jeweils drei aufeinanderfolgenden Taktzeitpunkten. Dieser Kode gestattet die eindeutige Korrektur eines Fehlers;
denn durch einen Fehler kann das Kodewort 101 nur in folgende Worte:
001, 111, 100 und das Kodewort 101 nur in die Worte: 110, 000, 011 übergeführt werden. Derartige Kode wurden eingehend von *Hamming* betrachtet. Damit verwandt sind die sog. Gruppenkode nach *Slepian*.

2.7. Signalübertragung

Unter der Signalübertragung verstehen wir den Transport eines Signals
von einer Quelle, dem Sender, über eine räumliche Entfernung bzw. eine
Kette von Zwischengliedern zu einem Empfänger. Das Medium zwischen
Sender und Empfänger, das zeitweilig Träger des Signals ist, wird als
Übertragungskanal bezeichnet. Bild 14 veranschaulicht das Modell der

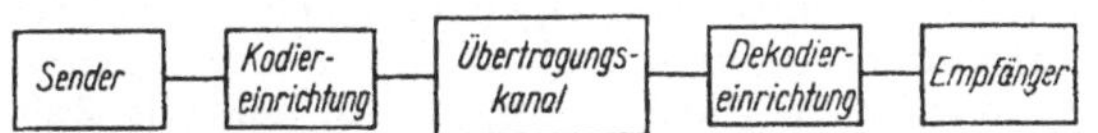

Bild 14. Nachrichtenübertragungskanal nach Shannon

Nachrichtenübertragung nach *C. Shannon*. Ein Signal bleibt bei der
Übertragung im allgemeinen nicht unverändert. Es kann einmal in ge-
wünschter Weise einer Reihe von Signalumformungen unterworfen
werden, zum anderen wird es durch Störungen verfälscht, die aus der
Umgebung in den Kanal eintreten. Beim passiven Übertragungskanal
wird das Signal nur fortgepflanzt; ein aktiver Kanal hat die Fähigkeit,
stufenweise das Signal unter Hinzufügung von Verstärkungsernergie neu
zu formen. Bei aktiven Kanälen wird also nach gewissen Abschnitten
das Signal-Rausch-Verhältnis immer wieder verbessert.
Die Wahrscheinlichkeitsverteilungen stochastischer Signale werden bei
der Signalübertragung definierten, von den Übertragungseigenschaften der
einzelnen Glieder abhängigen Veränderungen unterworfen. Signale, die
am Eingang vollständig determiniert sind, können sich bei der Übertragung wegen der auftretenden Kanalstörungen in stochastische Signale
verwandeln.
Betrachten wir kurz die Signalübertragung bei Rundfunk und Fern-
sehen bis zur Verarbeitung der empfangenen Nachrichten im Gehirn.
Vom Rundfunk- bzw. Fernsehsender werden die Signale in Form modu-
lierter elektromagnetischer Wellen in die Atmosphäre abgestrahlt. Von
hier gelangen die Schwingungen in unser Empfangsgerät und erregen
hier Resonanzkreise, entsprechend dem gewählten Frequenzband bzw.

Kanal. Im Empfangsgerät kommt es zu einer Trennung von Bild und Ton sowie vom eigentlichen Signal und seinem Träger. Die so erhaltenen „eigentlichen" Signale wirken auf Wandler, die elektromagnetische Schwankungen in optische bzw. akustische Schwankungen umwandeln. Bildwandler und Tonwandler sind nun erneut als Sendeeinrichtungen anzusehen, die nun die erhaltenen und unmittelbar vom Menschen über sensible Organe aufnehmbaren Signale über eine räumliche Distanz senden. Über optische und akustische sensible Organe nimmt der Mensch diese Information auf und kodiert sie um in Salven von Erregungsimpulsen der sog. Neuronen. Die Neuronen dienen einmal der Signalübertragung, zum anderen zum Aufbau der logischen Netze im Zentralnervensystem. Die erhaltene Information wird nach dieser Umkodierung in Impulsfolgen dem Großhirn, dem eigentlichen Empfangsorgan, zugeleitet. Die empfangenen Signale werden entschlüsselt, klassifiziert, erkannt. Es kommt zu einem Prozeß der Informationsverarbeitung, ähnlich wie in digitalen Rechenautomaten, zu den Handlungsentscheidungen des Menschen.

2.8. Signalspeicherung

Die Speicherung von Signalen dient dem Ziel, die in den Signalen enthaltene Information aufzubewahren, um nach Bedarf jederzeit darüber verfügen zu können. Bei den sog. statischen Speichern setzt man den Signalverlauf $f(x, y, z, t)$ (bzw. den entsprechenden Verlauf des informationstragenden Parameters) in einen Verlauf $g(x, y, z)$ um, dem die Zeitabhängigkeit fehlt. Damit wird erreicht, daß die aufbewahrte Information sich zeitlich nicht ändert. Man benötigt dazu ein Speichermedium, dem der Verlauf $g(x, y; z)$ verschlüsselt in Zuständen interner Größen aufgeprägt wird.

Diese Forderungen lassen sich praktisch nur näherungsweise verwirklichen. Kein Speichermedium ist wirklich zeitlich unveränderlich. So wird z. B. beim Tonbandspeicher die Magnetisierung im Laufe der Zeit durch die thermische Bewegung der Elektronen verändert, die Qualität eines oft gespielten Films verschlechtert sich, die Rillenunterschiede der Schallplatte gleichen sich allmählich aus. Man erhält also durch Interpretation, d. h. Abspielen von $g(x, y, z)$, nie eindeutig das eingespeicherte Signal $f(x, y, z, t)$ zurück, sondern stets einen je nach Qualität des Speichers veränderten Verlauf. Bei einem stochastischen Signal entsteht zusätzlich die Frage, wieweit ein im beschränkten Zeitintervall gespeicherter Verlauf einer Realisierung repräsentativ für den gesamten zufälligen Prozeß sein kann. Diese Frage spielt bei stochastischen Systemuntersuchungen eine nicht zu unterschätzende Rolle. Besondere Speicherprobleme treten auf, wenn das Signal außer einer Zeitabhängigkeit tatsächlich eine Abhängigkeit von räumlichen Koordinaten aufweist. Eine reine Zeitfunktion $f(t)$ wird bei Einlagerung in einen statischen Speicher in eine Ortsfunktion $g(x)$ übergeführt. Das geschieht z. B. bei allen einschlägigen Registrierverfahren; x ist die Koordinate des ablaufenden Registrierstreifens bzw. die Auslenkung einer Schreibvorrichtung wie bei den sog. x-y-Schreibern, $g(x)$ erscheint als Ordinate einer Marke bzw. als Wert

22

einer physikalischen Größe des registrierenden Mediums (z. B. Magnetisierungsstärke beim Tonband). Bei der Interpretation eines in solcher Weise gespeicherten Signals muß man die Zeitabhängigkeit wieder hinzufügen, wobei der richtige Zeitmaßstab durch die bei der Speicherung verwendete Registriergeschwindigkeit gegeben ist.

Häufig arbeitet man jedoch bei der Interpretation mit einem geänderten Zeitmaßstab. Man erreicht damit eine sog. Frequenztransformation. Man hat so die Möglichkeit, Vorgänge, die in Wirklichkeit rasch ablaufen, in „Zeitlupe" zur Darstellung zu bringen bzw. langsam ablaufende, wie z. B. Wachstumsvorgänge, zeitlich zu raffen. Hängt die zu speichernde Signalfunktion $f(t, x)$ noch von einer räumlichen Koordinate ab, so muß sie in einem zweidimensionalen Speichermedium in einen Verlauf $g(x, y)$ umgesetzt werden. In dieser Weise kann z. B. eine Lichtintensitätsverteilung über einem Spalt in zeitlicher Folge auf ein Filmband übertragen werden, das in Laufrichtung die Zeit und senkrecht dazu die Spaltkoordinate abbildet. Problematisch wird jedoch die Speicherung von Signalen der Form $f(x, y, t)$ und erst recht von Funktionen $f(x, y, z, t)$. Hier würde man einen dreidimensionalen bzw. vierdimensionalen Informationsträger benötigen. Man hilft sich so, daß man die Zeit bzw. zusätzlich noch eine Raumkoordinate diskret unterteilt. Die Unterteilungspunkte sind so zu wählen, daß durch die Betrachtung der Signale an den Interpolationsstellen im wesentlichen die volle Information wiedergegeben wird. Sodann ersetzt man ein Signal der Form $f(x, y, t)$ durch eine räumliche Folge von Bildern $g_i(x, y)$, bezogen jeweils auf $t = t_i$ bzw. ein Signal der Form $f(x, y, z, t)$ durch eine angeordnete Folge von Bildern $g_{ij}(x, y)$, bezogen auf $z = z_j$ und $t = t_i$. Mitunter speichert man auch einen Verlauf, welcher den mittleren Signalverlauf zwischen zwei Abtastpunkten repräsentiert. Dieser Sachverhalt ist uns vom Film her wohlbekannt, in dem in diskreten Zeitpunkten jeweils eine Aufnahme gemacht wird, die das Geschehen am aufgenommenen Objekt während der Dauer der Belichtung im Mittel wiedergibt.

Von besonders großer Bedeutung sind Speicher für diskrete Informationen. Diese bauen sich aus linear angeordneten Zellen auf, wobei das Zellenmedium in soviel unterscheidbare Zustände versetzt werden kann, wie die Anzahl der Buchstaben der verwendeten Alphabets angibt. Bei der Anwendung des Dualalphabets braucht man also sog. Binärzellen, die genau zwei unterscheidbare Zustände annehmen können. Die zeitliche Folge der Alphabetsymbole geht dann in eine fixierte Zustandsfolge einer Reihe benachbarter elementarer Speicherzellen über. Entsprechend der Unterteilung der Nachrichten in Worte, faßt man Gruppen solcher elementaren Speicherzellen ebenfalls zu Worten zusammen, zu einer Wortspeicherzelle. In digitalen Rechenautomaten sind diese Wortspeicherzellen in der Regel adressierbar. Damit ist ein definierter Aufruf bestimmter Speicherzellen ermöglicht. Der ZRA-1 z. B. besitzt einen Trommelspeicher, auf dem 4096 Wörter mit jeweils 48 bits gespeichert werden können.

Zeitlich veränderliche Matrizen kann man hier als Signale mit räumlich und zeitlicher Änderung auffassen. Um Matrizen zu speichern, muß man das räumliche Nebeneinander in ein zeitliches Nacheinander und damit in ein Nebeneinander im Speicher auflösen; solche Objekte können im

Automaten nur linear gespeichert werden. Von den statischen Speichern.
in denen die eingespeicherte Information zeitlich unveränderlich in
jeweils festen Zellen aufbewahrt wird, sind die sog. dynamischen oder Umlaufspeicher zu unterscheiden. Das Prinzip eines solchen dynamischen Speichers zeigt Bild 15. Die Information ist in diesem Speicher nicht ruhend
eingelagert, sondern entsprechend ihrer Zerlegung in Buchstaben kreist
sie ständig im Speicher. Der Speicher hat einen bestimmten Umlaufsinn.
Bei jedem Taktimpuls wandert der Zustand aus einer Elementarzelle in
die gemäß dem Umlaufsinn benachbarte Speicherzelle. An einer Stelle
kann die Information taktweise abgefragt, an anderer Stelle taktweise
neue Information eingegeben werden. Abfragen und Einspeichern wird
durch Einzelimpulse gesteuert, die entsprechende Tore öffnen bzw.
schließen.

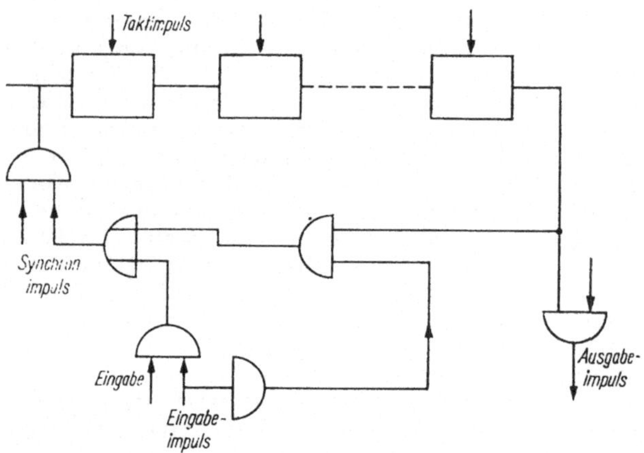

Bild 15. Schieberegister als Umlaufspeicher

Die Umlaufspeicher haben den Vorteil, daß das Inbewegungsetzen des
Speichermediums entfällt, Einzelimpulse leiten das Lesen bzw. Speichern
ein, außerdem besteht die Möglichkeit der Reformierung der gespeicherten
Information, indem man bei jedem Umlauf durch Zuführung zusätzlicher
Energie das ursprüngliche Signalniveau wiederherstellt. Als dynamische
Speicher werden außer elektronischen Schaltungen, den sog. Schiebe-
registern, auch Ultraschallverzögerungsleitungen verwendet [32].

Im menschlichen Gehirn ist die gespeicherte Information vermutlich in
Erregungszuständen von Neuronennetzen verschlüsselt. Hier muß das
Problem der Speicherung von zeitlich veränderlichen räumlichen Funktionen $f(x, y, z, t)$ gelöst sein; denn wir haben offenbar die Fähigkeit,
aus dem Gedächtnis die zeitlich richtige Folge von räumlichen Bildern
zu reproduzieren. Die Speicherfähigkeit des Gehirns ist ungeheuer; enthält es doch durchschnittlich etwa 10 Milliarden Neuronen, von denen
jedes erregt oder nicht erregt sein kann, d. h. zur Speicherung von 1 bit
Information dienen kann. Das Vorhandensein von Speichermöglichkeiten
zeichnet die höheren technischen und biologischen Systeme aus, geben

24

doch die Speicherinformationen überhaupt erst die Möglichkeit, autonom
die Verhaltensweise zu verändern und entsprechend vorgegebenen Bedingungen zu optimieren. Von ausschlaggebender Bedeutung ist das
Vorhandensein eines Speichers bei den Lebewesen. Man hat hier zwischen
Langzeit- und Kurzzeitspeicher zu unterscheiden. Als Langzeitspeicher
dienen offenbar die sog. Gene, die die Erbinformationen enthalten, als
Kurzzeitspeicher zum Aufbewahren der individuellen Erfahrungen dient
das Zentralnervensystem (ZNS).

Es gibt Vorstellungen, nach denen im Organismus die Umwelt in ihren
funktionellen Beziehungen entsprechend allen früher gemachten Erfahrungen in Form von Modellen gespeichert ist.

Während der Entwicklung der Art soll sich das schwer beeinflußbare
und vererbliche phylogenetische Umweltmodell herausbilden (pyhlo-
genetisch = aus der Stammesentwicklung herrührend), während der
individuellen Entwicklung bildet sich durch persönliche oder mitgeteilte
Erfahrungen auf der Basis des phylogenetischen Umweltmodells das
ontogenetische (ontogenetisch = aus der Individiumsentwicklung herrührend) Umweltmodell heraus, das vor allem für die Verhaltensweise
des Einzelwesens maßgebend ist. Man stellt sich vor, daß jede Handlung
aufgrund einer Entscheidung des ZNS zustande kommt, indem dieses
durch eine Art Vorwärtsspiel am ontogenetischen Umweltmodell die
beste Variante für die Entscheidung ermittelt. Erfolgsmeldungen von
Handlungen führen im Umweltmodell zu einer Koordination zwischen
Handlung und zugrundeliegender Umgebungssituation auf bedingt
reflektorischer Basis. Diese Koordination führt in späteren Fällen zu
einer Verkürzung der Entscheidungsberechnung. Dabei ist der Organismus selbst ein Teil der Umgebung des ZNS, d. h., auch die funktionellen
Wechselbeziehungen zwischen den Teilen des Organismus finden ihr
Gegenstück im Umweltmodell durch entsprechende Beziehungen von
Teilen des Nervennetzes.

In Verbindung mit Rechenautomaten finden folgende Speicherarten
Verwendung: Lochkarten, Lochbänder, Magnetbänder, Magnetfilme,
Magnettrommeln, Magnetkernspeicher.

3. Systeme — Begriffliche Grundlagen

3.1. Konkrete Systeme

Die Welt, das gesamte Universum, ist eine materielle Einheit von Stoff
und Bewegung, in der Teil und Ganzes sich wechselweise bedingen, eine
dialektische Einheit bilden. Unter Ausnutzung der Gesetzmäßigkeiten
dieses dialektischen Gegensatzes dringt der Mensch forschend immer
tiefer in die Gesetze der Natur ein; er enthüllt die stoffliche Struktur der
Materie und verfolgt die Wechselwirkungsprozesse. In der Geschichte der
Naturwissenschaften findet man Perioden, in denen die beiden Seiten
dieses Gegensatzes unterschiedlich wirksam waren. Mit der Entdeckung
der ganzzahligen Gesetze in der Chemie bei den stofflichen Verbindungen

begann das Zeitalter des Atomismus, der Überbetonung des Teilaspekts.
Man entdeckte den Aufbau des Stoffes aus Elementarteilchen, wie Elektronen, Neutronen, Protonen, Mesonen usw. Diese Elementarteilchen
konnten als freie Teilchen nachgewiesen werden, sie konnten scheinbar
unabhängig von dem umgebenden Medium, d. h. von der übrigen Materie
isoliert, existieren. Unter besonderen Bedingungen traten sie zu Verbänden, den Atomen bzw. Molekülen zusammen, zu Systemen, die ebenfalls weitgehend isoliert von der übrigen Materie existieren konnten, also einzelne Inseln in einer im wesentlichen „leeren" Welt. Es entstanden Atommodelle, mit deren Hilfe das periodische System der Elemente erklärt
werden konnte, auf dessen Grundlage viele stoffliche Eigenschaften verständlich wurden. Doch bald wurde klar, daß die isolierte Existenz der
Teilchen und Atome nur Grenzfälle der allgemeinen Wechselwirkung
sind. Man machte sich Gedanken, auf welche Ursachen der Zusammenhalt
der Elementarteilchen in einem Atomkern zurückzuführen sei, weshalb
eigentlich die nach dem Rutherfordschen Atommodell ständig um den
Kern kreisenden Elektronen nicht unter Energieabstrahlung allmählich
sich dem Kern nähern, durch welche Faktoren zur Stabilität des Atomaufbaus führen. Diese Untersuchungen führten zu einer revolutionären
Umwälzung der Wissenschaft zu Beginn unseres Jahrhunderts. Es entstand die Wellenmechanik, nach der wir jedem Elementarteilchen Doppelcharakter zusprechen müssen. Unter bestimmten Bedingungen der
Wechselwirkung tritt es mit seinen korpuskularen Eigenschaften in
Erscheinung, und wir können das Modell des isolierten Systems anwenden,
u. a. Bedingungen jedoch offenbart es seinen Wellencharakter, d. h. ihm
kann keine räumlich lokalisierbare Erscheinung zugeschrieben werden.

Diese Erkenntnisse weisen darauf hin, daß man nicht ungestraft die
dialektische Einheit von Gegensätzen, wie der Teil-Ganzen-Beziehung,
verletzen kann. Man kann das unter besonderen Umständen tun, muß
sich aber dann im klaren darüber sein, daß man sich dann nur eines
Modells zur Beschreibung idealisierter Verhältnisse bedient. Korpuskularcharakter und Wellencharakter stellen zwei durch Absolutieren gewonnene
Modelle des allgemein möglichen Verhaltens von Elementarteilchen dar.
Die Erscheinung der Elementarteilchen ist wie jede Erscheinung der
realen Welt durch unsere Erkenntnisse unausschöpfbar; jedoch werden
wir durch ständige Verfeinerung und Erweiterung unserer Modelle immer
mehr Erkenntnisse gewinnen können. So hat also die Wellenmechanik,
deren Aussagen in weitem Umfange experimentelle Bestätigung gefunden
haben, wie z. B. beim Nachweis der Elektronenbeugung in Kristallen,
eigentlich nur unsere etwas schiefen einseitig atomistischen Vorstellungen wieder auf den Boden der Wirklichkeit zurückgeholt. Der
stoffliche Aufbau der Materie, die Wechselwirkungsbewegungen zwischen
Materieteilen und die dialektische Beziehung Teil—Ganzes liefern die
Grundlage für die kybernetische Systemtheorie. Der Teil wird aus dem
Ganzen immer dann ausgesondert, indem man ihn nicht in seiner vollen
Allgemeinheit, mit allen seinen Beziehungen zum umgebenden Medium
betrachtet, sondern indem man ihn versucht stofflich-räumlich abzugrenzen und von allen Wechselbeziehungen, die man zu keinem Zeitpunkt
voll beherrscht, nur einen Teil auswählt, die wesentlichen Beziehungen,
die man kontrollieren kann bzw. an denen man interessiert ist.

Für diese Abstraktion hat man natürlich Tribut zu bezahlen. Nun wird nämlich nicht jede Erscheinung des Teils bis in alle Tiefen verständlich, sondern alle Erscheinungen zeigen Seiten, die bis zu einem gewissen Grad auf der Basis unseres Wissens unverständlich sind. Keine der Erscheinungen ist exakt vorhersagbar, weil natürlich de fakto auch die von uns nicht berücksichtigten Beziehungen zur Umwelt bzw. Zusammenhänge innerhalb des Systems wirksam bleiben und ein Moment der Unbestimmtheit, der Überraschung mit sich bringen, das wir als Zufall bezeichnen.

Diese Tatsachen wollen wir im nächsten Abschnitt etwas eingehender untersuchen.

Ein solcher Abstraktionsschritt führt uns zu dem, was wir ein konkretes System nennen wollen.

> Wir bezeichnen als konkretes System jeden räumlich abgegrenzten Teil der Wirklichkeit zusammen mit einigen ausgewählten Beziehungen seiner stofflichen Struktur zur Umwelt.

Diese ausgezeichneten Beziehungen des Systems zur Umwelt wollen wir wesentliche Verbindungen nennen, alle übrigen Verbindungen sollen dann unwesentlich heißen.

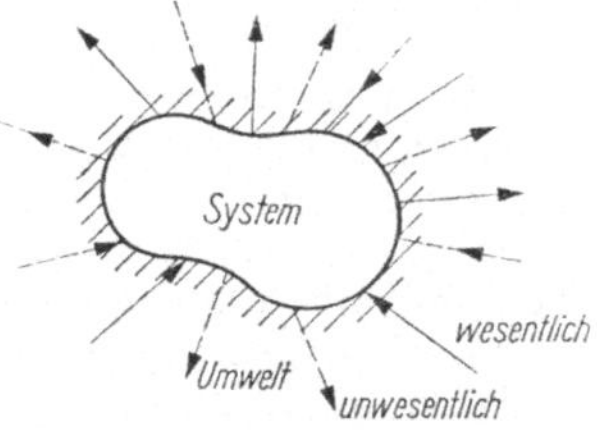

Bild 16
Schema eines konkreten Systems

In allen Bereichen der Naturwissenschaften werden von jeher einfach aus der Notwendigkeit heraus, aus der Vielfalt der Erscheinungen auszuwählen, konkrete Systeme betrachtet. Alle Strukturbetrachtungen sind an die Einteilung eines umfassenden Systems in Teilsysteme gebunden, dabei sind das komplexe System und alle Teilsysteme als konkrete Systeme im obigen Sinne aufzufassen. Verfolgen wir kurz die Strukturaufteilung des menschlichen Körpers in eine Hierarchie von für die jeweilige Betrachtung wesentliche Teilsysteme.

Auf der untersten Stufe der Strukturhierarchie stehen die Elementarteilchen, die Atome und Moleküle bei jedem konkreten System. Die nächste Stufe wird gebildet von funktionsspezifischen Teilchen, den Zellen, den Blutkörperchen, den Eiweißkörpern, den Neuronen. Hierbei sind die Eiweißkörper selbst Teile von Zellen, denen Speicher- und Überträgereigenschaften für biologische Informationen zukommen, die Blutkörperchen und die Neuronen stellen bereits spezialisierte Zellen dar. Die Teilsysteme nächsthöherer Stufe sind die Zellkomplexe, auch als Gewebe bezeichnet, die das Material für das stoffliche Gerüst des Organismus liefern. Spezielle Gewebearten setzen die Organe, wie Herz, Lunge, Nieren, Leber, Gehirn, Darm, Muskel, Knochen, zusammen. Die Organe sind Systeme, die Teilsysteme der dritten Stufe in der biologischen Systemhierarchie.

Jedes Organ hat im Rahmen des Gesamtorganismus bereits eine makroskopisch wohlabgegrenzte Funktion zu verrichten. Bei diesen Funktionen wirken die verschiedenen Organe untereinander in Organsystemen zusammen, dem Verdauungssystem, dem Atmungssystem, dem Blutkreislaufsystem, dem Uro-Genitalsystem, dem Nervensystem und dem Knochensystem. Diese Organsysteme sind funktionell gekoppelt, ihre gemeinsame Tätigkeit wird vom Nervensystem, dessen höchster Teil das Zentralnervensystem, Gehirn, Rückenmark ist, gesteuert. Ein jeder Organismus ist also eine funktionelle Einheit einer Vielzahl von Teilsystemen, die sinnvoll miteinander zusammenwirken und so die Existenz des Individuums gewährleisten.

Im Krankheitsfall wird das harmonische Ineinandergreifen der Funktionsabläufe mehr oder weniger stark gestört. Hier muß sich dann die durch die hohe Komplexität erreichte weitgehende Unabhängigkeit von Störfaktoren bewähren und der Organismus muß als adaptives und selbstregulierendes System den normalen Funktionsablauf wiederherstellen. Die Gesundung stellt einen komplexen Regulationsprozeß dar, der im Kampf mit den Störfaktoren zum Sieg und damit zur Ausschaltung der Störungen oder zum Waffenstillstand und zur Isolierung der Störungen führen kann. Gelingt dem Organismus der Übergang zum normalen Arbeitsregime nicht, so wird seine weitere Existenz in Frage gestellt.

Der Organismus ist also ein weitgehend selbständiges Gebilde. Seine Existenz ist jedoch an bestimmte Umweltbedingungen gebunden. Mit dem Komplex der für die Existenz von Organismen erforderlichen Umweltbedingungen beschäftigt man sich in neuerer Zeit systematisch, seit mit der Entwicklung künstlicher Raumkörper die Möglichkeit aufgetreten ist, Reisen nach anderen Himmelskörpern in Betracht zu ziehen. Über seine Sinnesorgane tritt der Mensch in mannigfache Kommunikation zu seiner Umwelt. Dabei ist das wechselnde Reizmilieu, das er über Auge und Ohr und über seinen Tastsinn empfängt, notwendig für Lern- und Anpassungsprozesse. Man merkt den günstigen Einfluß wechselnder Eindrücke sehr deutlich beim Kleinkind, wobei natürlich die richtige Dosierung eine Rolle spielt. Reizstrukturen können nur dann Bestandteil des individuellen Umweltmodells werden, wenn sie unter ähnlichen Bedingungen mehrfach wirksam geworden sind, wenn sie in ihrer Zusammensetzung an die Empfänglichkeit, d. h. an den Entwicklungsstand des jeweiligen Individuums, angepaßt sind und nicht zur Auslösung von bloßen Abwehrreaktionen führen. Für dieses Lernverhalten durch Bekräftigung unter gleichen Bedingungen hat man in der Psychologie den Begriff des bedingten Reflexes geprägt. Bedingt-reflektorische Mechanismen sind eine grobe Sammelbezeichnung einer Vielzahl von Erscheinungen beim Lernverhalten. Diesem Komplex schenkt man heute bei der Gehirnforschung, in der Psychologie und in der Physiologie große Aufmerksamkeit.

Der Organismus als Ganzes erscheint nun wieder auf der untersten Stufe, als Teilchen niederster Ordnung in weiteren Systemhierarchien, wie Familie, Klasse, Volk bzw. im Produktionsprozeß in der Hierarchie Mitarbeiter, Abteilung, Betrieb, Wirtschaftszweig, Volkswirtschaft.

Der Produktionsprozeß stellt selbst ein weiteres wichtiges Beispiel für eine Systemhierarchie dar.

Die niederste Stufe des Produktionsprozesses bildet der Mensch mit Werkzeugen bzw. Maschinen oder Maschinen, die vollautomatisch arbeiten. Die Maschinen sollen Material ver- und bearbeiten und dabei bestimmte Teile fertigen. Vom Produktionsziel her kommt es zu einer notwendigen Wechselbeziehung zwischen verschiedenartigen Maschinen, die funktionell gekoppelt werden müssen mit dem Bindeglied Mensch oder Kopplungsmechanismen bei Ausführung mehrerer Arbeitsgänge nacheinander am gleichen Objekt bzw. die über den Plan gekoppelt werden, wenn ihre Produkte unabhängig in das Endprodukt einfließen. Die so miteinander verbundenen Maschinen und Menschen stellen die nächsthöhere Stufe in der Produktionshierarchie dar; es handelt sich hier z. B. in der Stückgutfertigung um die sog. Fertigungsstraßen, Fertigungsbänder, Produktionsabteilungen. Ein Betrieb stellt in der Regel mehrere Finalprodukte her, wenn diese etwa gleichartige produktionstechnische Voraussetzungen benötigen. Auch der gesamte Betrieb ist als ein konkretes System anzusehen. Betriebe mit vergleichbarer Produktion treten miteinander in Wechselbeziehung in der Zulieferung von Halbfertigprodukten, bei der Materialversorgung, in der Marktforschung, in der Abstimmung ihrer Produktionsprogramme usw. und bilden so Kombinate, Produktionszweige und VVBs. Schließlich sind die verschiedensten Produktionszweige Teilsysteme des umfassenden Systems der Wirtschaft eines Staates, die vergleichbar ist mit einem Organismus.

Die Volkswirtschaft kommuniziert mit der Umgebung über den Handel. So wie der biologische Organismus durch Störeingriffe Zustände annehmen kann, die man als Krankheit definiert, kann auch der Organismus der Volkswirtschaft bei Störungen im harmonischen Zusammenwirken seiner Teile, bei schlecht abgestimmten Plänen, bei Lieferschwierigkeiten von Material, Energie und Teilprodukten usw. krank werden. Schwere Krankheiten, die den Gesamtorganismus erfassen und an die Grenze seiner Stabilität bringen, bezeichnet man als Krisen. Eine richtige Ausnutzung der ökonomischen Gesetzmäßigkeiten in einer Gesellschaftsordnung, die nach sozialistischen Prinzipien organisiert ist, in der einer den anderen unterstützt und die Wirkung gegeneinander gerichteter Interessen auf ein Minimum reduziert ist, setzt natürlich die Möglichkeit von Krisen weitestgehend herab, und wenn es schon aufgrund unvorhersehbarer Natureinwirkungen oder feindlicher Einwirkungen anderer Staaten zu krisenhaften Erscheinungen kommt, so können diese leichter überwunden werden als in einer Gesellschaft, in der die Menschen im wesentlichen nur ihr Eigenleben führen und sich nicht als gesellschaftliche Wesen fühlen.

> Je höher der Kopplungsgrad der Teilsysteme innerhalb des Gesamtsystems ist, um so größer ist seine Organisiertheit und um so unabhängiger ist es gegen äußere Störeinwirkungen.

Im Unterschied zur Strukturhierarchie im menschlichen Organismus, die weitestgehend naturgegeben ist, haben wir beim Organismus der Wirtschaft die Möglichkeit zur Wahl einer optimalen Struktur und einer optimalen Funktion. Die modernen Verfahren der Operationsforschung (operation-research) beschäftigen sich mit Problemen der Wirtschaftsoptimierung im weitesten Sinne. Das fängt bereits beim einzelnen Arbeitsgang an der Maschine in Form optimaler Maschinenbelegungspläne an.

Opimale Standortwahl gleichartiger Produktions- oder Versorgungsbetriebe, optimale Produktionsorganisation bei beschränkten Ressourcen, optimale Investitionen und Planstellenzuführung bei der Entwicklung von Wirtschaftsbereichen, Variantenuntersuchung für Bauprojekte usw.. Untersuchung optimaler Kenngrößen der Wirtschaftsführung, Entscheidungen über Selbstverwaltung und Eigenverantwortung, Reserveneinrichtung usw. Das sind alles Probleme, mit denen sich heutzutage die Operationsforschung unter Anwendung modernster mathematischer Verfahren der Datenverarbeitung beschäftigt. Hierbei hat die sozialistische gegenüber der kapitalistischen Wirtschaft große Vorteile, weil Hindernisse; d. h. zusätzliche Beschränkungen bei der Optimierung, die durch den Privatbesitz an Produktionsmitteln gegeben sind, entfallen. In einem wohldurchdachten System der Planung und Leitung der Volkswirtschaft wird die Gefahr einer übertriebenen Zentralisierung, einer zentralen Planung zu vieler Einzelheiten, die in kleineren Bereichen entschieden werden könnten, vermieden. Jedoch ist die Frage, wo und in welchem Umfang man eine Steuerung günstiger durch eine selbsttätige Regelung ersetzt, selbst schon wieder eine Optimierungsaufgabe, die im Rahmen der marxistisch-leninistischen Organisationswissenschaft mitentschieden werden muß.

3.2. Charakter der Beziehungen zwischen Systemen

Die Betrachtung der Erscheinungen an einem konkreten System spiegelt uns stets nur Ausschnitte wider, gewisse Seiten der Wirklichkeit bleiben uns verborgen, weil wir sie aus Gründen der Einfachheit der Betrachtung vernachlässigen, weil unser Erkenntnisstand ihre Erfassung noch nicht erlaubt oder weil der Stand unserer Meßtechnik die Erfassung sehr diffiziler Erscheinungen noch nicht zuläßt. Im Erkenntnisprozeß lösen wir komplizierte Zusammenhänge in möglichst einfache auf. Die Kopplung der Teilsysteme innerhalb eines Systems und des Systems mit seiner Umgebung wird über physikalische, technische, ökonomische Größen, entsprechend dem jeweiligen Anwendungsbereich, hergestellt. Diese realisieren den Einfluß der Umgebung auf das System und dessen Rückwirkung. Denken wir z. B. an die Lichtwellen, die unser Auge treffen, oder die Schalldruckschwankungen im Hörbereich bis zu 20 kHz, die vom Ohr empfangen werden können usw., so erkennen wir hierin die Einwirkung der Umwelt auf den Organismus, umgekehrt wirken wir in mannigfachster Weise mit Kräften, Lauten usw. auf andere Menschen, auf Material usw. ein.

Physikalische Größen und deren zeitliche Veränderung geben Kunde vom Zustand eines Systems und den Wechselbeziehungen zu anderen Systemen.

Die komplizierte Wechselwirkungsstruktur in der objektiven Realität spiegelt sich bei der Betrachtung der zur Beurteilung des Systemverhaltens wesentlichen Größen in Abhängigkeiten zwischen diesen Größen wider.

Der Normalfall der Abhängigkeit zwischen zwei physikalischen Größen x und y ist deren wechselseitige Beeinflussung, d. h., wenn die Größe y die Größe x und auch umgekehrt die Größe x die Größe y in ihren Werten beeinflußt.

Bei dem im Bild 17 dargestellten Regelkreis zur Behälterstandsregelung
wirkt der Zustrom y auf die Standhöhe x im Behälter ein. Umgekehrt
hat jedoch über das Ventil der Stand x eine Rückwirkung auf den Zustrom y. In diesem Fall werden die beiden Wirkungsrichtungen durch
physikalisch voneinander getrennte Mechanismen wiedergegeben. Normalerweise ist das nicht so, sondern innerhalb eines Systems und un-
trennbar voneinander beeinflussen sich beide Größen wechselseitig. So
stehen z. B. in einem ohmschen Widerstand die angelegte Spannung u
und der Strom i in wechselseitiger Abhängigkeit; die Klemmenspannung u
des Widerstandes legt nach dem Ohmschen Gesetz einen Strom $i = u/R$
fest, umgekehrt sucht der Strom durch die Vereinigung der Ladungsträger
mit entgegengesetztem Vorzeichen, die Klemmenspannung u zu vermindern. Hier ist es unmöglich, für die beiden Wirkungsrichtungen getrennte
Teilsysteme anzugeben.

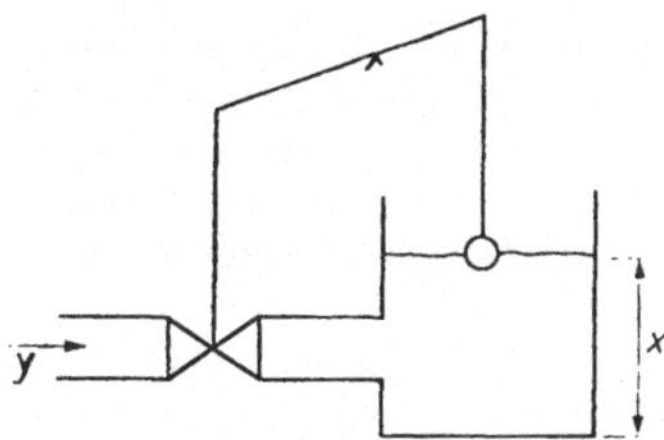

Bild 17. Behälterstandsregelung

Nur in Sonderfällen, d. h. unter bestimmten Bedingungen, kann eine
wechselseitige Beeinflussung zweier Größen in eine gerichtete Beeinflussung, d. h. in eine kausale Einwirkung der einen Größe auf die andere,
ausarten. Das ist z. B. dann der Fall, wenn die Wirkung in der einen
Richtung so schwach ist, daß man sie vernachlässigen kann. Schaltet man
z. B. einen Widerstand an eine Spannungsquelle, deren Spannung durch
den fließenden Strom, d. h. durch den Verbraucher kaum beeinflußt werden kann, so ist die Rückwirkung des Stromes auf die Spannung vernachlässigbar, und man erhält nur eine gerichtete Beeinflussung des Stromes durch die Spannung.
Ein Gravitationszentrum genügend großer Masse, wie z. B. die Sonne,
legt die Bewegung seiner Planeten vollständig fest, umgekehrt haben die
Planeten auf die Bewegung des Zentrums nur geringen Einfluß. Bei den
Meßeinrichtungen setzt man in der Regel eine gerichtete Beeinflussung
des Anzeigewertes durch den Meßwert voraus; die Messung muß dabei
so durchgeführt werden, daß die Beeinflussung des zu messenden Objekts
durch die Meßeinrichtung verschwindend gering ist. Die Quantenphysik
lehrt, daß eine solche Rückwirkung nie vollständig vermieden werden kann.
Bild 18 gibt den ungeregelten Behälterstand wider; hier beeinflußt der
Zustrom einseitig nur den Behälterstand und nicht umgekehrt. Das Auf-
suchen bzw. durch konkrete Bedingungen Verwirklichen kausaler Zusammenhänge spielt technisch eine sehr große Rolle. Das wird uns im
Abschn. 5. zum Begriff des sog. Übertragungsgliedes führen.
Bei der Bearbeitung eines Werkstücks durch einen Schneidstahl interessiert im wesentlichen die Einwirkung des Stahls auf das Material und
das Abtragen des Stoffes, die Rückwirkung des Werkstücks, die sich in

Zwangsbewegungen, Zwangskräften und in der Abnutzung des Schneidwerkzeugs äußert, kann man vernachlässigen. Der plötzliche Einfall von Licht ins Auge führt zum Pupillenschließvorgang; dieser hat natürlich keine Rückwirkung auf die Lichtquelle. Der Hammerschlag auf die Kniescheibe löst den bekannten Patellarreflex aus, ohne daß man eine Rückwirkung der Kniescheibe auf den Hammer in Betracht zieht.

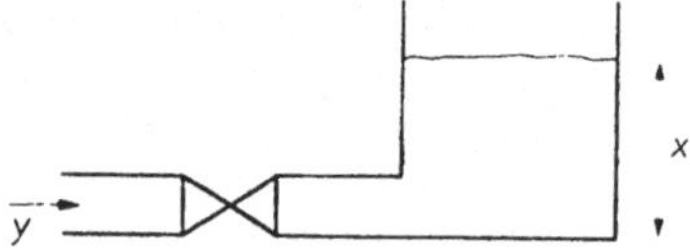

Bild 18. Ungeregelter Behälterstand

Die elektromagnetischen Wellen, die von einem Rundfunksender abgestrahlt werden, erregen den Empfangskreis im Rundfunkempfänger, d. h. sie erzeugen dort eine bestimmte Erregungsspannung. Diese Spannung ist ohne Rückwirkung auf den Sender. So könnte man noch eine Unzahl weiterer Beispiele anführen, bei denen entweder eine echte Rückwirkung fehlt bzw. vernachlässigt werden kann.

Eine noch weitergehende Ausartung der Wechselwirkung tritt dann ein, wenn zwei Größen sich überhaupt nicht unmittelbar beeinflussen, d. h. weder eine Hin- noch eine Rückwirkung zeigen. Solche Größen bezeichnet man üblicherweise als unabhängig voneinander. Entsprechend dem momentanen Stand unserer Erkenntnis wird man natürlich solche Größen als unabhängig ansehen, zwischen denen man keine Beeinflussung mit den Hilfsmitteln der Meßtechnik oder Beobachtung feststellen kann. In diesem Sinne sind Ereignisse in räumlich weitauseinanderliegenden Teilen der Welt häufig unabhängig voneinander, z. B. die Temperatur in Nowosibirsk und die Windgeschwindigkeit in Berlin, die Temperatur an einer Stelle der Sonnenoberfläche und die Herzfrequenz eines Patienten. Erscheinungen sind unabhängig, wenn die Art der Versuchsdurchführung eine Kopplung zwischen ihnen ausschließt, z. B. die Würfelergebnisse zweier miteinander in keiner Weise verbundener Spielwürfel. Häufig wird Unabhängigkeit von Größen dadurch herbeigeführt, daß man sie in genügend großem zeitlichen Abstand betrachtet, z. B. der Atmosphärendruck heute und in einem Monat.

Selbstverständlich kommt auch dem Begriff der Unabhängigkeit eine große Bedeutung zu; denn nur weil tatsächlich weitgehend voneinander unabhängige Naturerscheinungen existieren, ist überhaupt eine Abgrenzung von Teilsystemen gegenüber ihrer Umgebung möglich, kann überhaupt zwischen wesentlichen und unwesentlichen Einwirkungen und Rückwirkungen unterschieden werden.

Der Begriff des konkreten Systems wird erst dadurch sinnvoll, daß es weitgehend entkoppelte bzw. einseitig aufeinander einwirkende Größen tatsächlich gibt. Nur so kommt es zu einer natürlichen Abgrenzung zusammengehöriger Teilbereiche der Wirklichkeit, innerhalb derer es relativ starke Wechselwirkungen gibt, während die Kopplungen mit der Umgebung hinreichend schwach sind.

4. Rolle des Zufalls in konkreten Systemen

Die Beispiele im vorigen Kapitel haben gezeigt, daß jedes konkrete System aus Teilsystemen zusammengesetzt ist, dabei hängt die Aufteilung eines Systems in Teilsysteme von der jeweiligen Betrachtungsweise ab. Wenn man z. B. an einem Patienten Krankheitsphänomene beobachtet, die auf eine fehlerhafte Funktion des Magen-Darm-Traktes schließen lassen, so konzentriert sich die Aufmerksamkeit einmal auf den gesamten Menschen als ein System, das Beobachtungen und Beeinflussungen unterworfen wird, zum anderen auf sein Verdauungssystem, eine weitere Aufteilung in Organe bietet sich evtl. im Laufe der Diagnose an, jedoch bis zu den Zellen wird man hier in der Regel die Strukturaufteilung nicht durchführen.

Zu jeder Betrachtung eines konkreten Systems gehören also eine Strukturaufteilung dieses Systems in die für die Untersuchung wesentlichen Bausteine. Jede Struktur ist ein Netz aus Teilsystemen, die aufeinander einwirken. Von allen Wechselwirkungen zwischen den Teilsystemen interessieren natürlich auch nur bestimmte wesentliche. Wir sind also in der Naturwissenschaft stets gezwungen, bestimmte Strukturaufteilungen der jeweiligen Betrachtung entsprechend als ausreichend und einige dazugehörige Beziehungen als wesentlich anzusehen. Dabei müssen wir uns jedoch stets bewußt sein, daß dies eine Idealisierung ist. Neben den betrachteten Teilsystemen der bedingten Strukturaufteilung sind stets weitere bzw. feinere Teilsysteme vorhanden und außer den ausgezeichneten Wechselbeziehungen sind weitere Beziehungen wirksam.

Diese Nichtbeachtung wirklich vorhandener Abhängigkeiten bewirkt, daß alle beobachteten Größen ein nicht eindeutig vorhersagbares Verhalten besitzen; ihre zeitlichen Verläufe sind zufallsabhängig. Es handelt sich hier um einen Zufall, der aus unserer Unkenntnis resultiert. Aus den genannten Gründen gibt es also im Inneren jedes konkreten Systems Zufallsquellen, deren Wirkung wir daran erkennen, daß jedes mit den Werten der wesentlichen Größen zusammenhängende Ereignis ein zufälliges Ereignis wird, d. h., alle Größen werden Zufallsgrößen; für das Auftreten ihrer möglichen Werte können keine eindeutigen Aussagen mehr gemacht werden, sondern es können dafür nur Wahrscheinlichkeiten angegeben werden.

Das mit einem konkreten System verbundene Geschehen wird jedoch nicht nur aus inneren Ursachen zufällig, sondern wir müssen natürlich auch externe Zufallsquellen in Betracht ziehen, weil bei der Abstraktion des konkreten Systems auch aus allen möglichen Beziehungen des Systems zur Umgebung eine Auswahl entsprechend der Wichtigkeit vorgenommen wurde.

Ein konkretes System wird in der Auswahl seiner Größen und Beziehungen um so besser der Wirklichkeit gerecht, je geringer der Zufallseinfluß auf die wesentlichen Größen und ihre Beziehungen ist.

Wir wollen nun untersuchen, welchen Einfluß Zufallsgrößen in konkreten Systemen hervorbringen können. Wir müssen hier aktuellen reversiblen Einfluß von summarischen irreversiblen Einflüssen unterscheiden.

Aktuellen reversiblen Einfluß bringen normalerweise die zufälligen Schwankungen der an einem System wirksamen Signalgrößen hervor, z. B. zufällige Schwankungen von Versorgungsgrößen — wie Strom, Spannung,

Masse- und Energiestrom, zufällige Schwankungen innerer Systemgrößen
— wie Spannungen und Ströme in aktiven Elementen. Leckölverluste
in Hydraulikkreisläufen, Turbulenzrauschen in pneumatischen Einrichtungen, ferner zufällige Schwankungen der Arbeitsgrößen eines Systems,
von denen man ein bestimmtes Sollverhalten verlangt, z. B. Lastabhängigkeit des Drehmoments und der Drehzahl abgetriebener Wellen, der
Spannung von Generatoren, des Massestroms von Hydropumpen.

Hier sind die Zufallseinflüsse störend für den momentanen Betrieb, sie
können zu Abweichungen vom Sollverhalten führen, sie müssen gegebenenfalls beim Entwurf und bei Dimensionierungen mitberücksichtigt werden,
jedoch hat dieser Einfluß i. allg. keine bleibenden Nachwirkungen.

Es gibt jedoch auch Zufallserscheinungen, die zu bleibenden Veränderungen in den betreffenden Systemen führen. Reibungserscheinungen,
elektrochemische Effekte, Lufteinschlüsse in Öl usw. können zu Materialabnutzung in Lagern, an Werkzeugen usw. führen. Dadurch kommt es zu
einer allmählichen Veränderung des Systemverhaltens, bis schließlich das
System für die vorgesehenen Anwendungen als nicht mehr brauchbar
erscheint. Das betreffende in Betrieb befindliche System fällt dann aus,
muß repariert oder durch ein gleichartiges neues System ersetzt werden.
Auf Informationsspeichern kommt es durch solche summarischen irreversiblen Zufallseffekte zu einem allmählichen Verwischen der Unterschiede zwischen den gespeicherten Symbolen und damit zur Verfälschung
der gespeicherten Information.

Bei den irreversiblen Zufallserscheinungen handelt es sich also offenbar
um eine Speicherung und Anhäufung zufälliger Störungen. Mit diesen
Effekten beschäftigt sich die sog. Zuverlässigkeitstheorie (s. RA 28). Sie
untersucht die Systeme in bezug auf bestimmte statistische Kenndaten
der Zuverlässigkeit, wie z. B. die mittlere ausfallsfreie Zeit, und untersucht, wie die Zuverlässigkeit eines Gesamtsystems von der Zuverlässigkeit seiner Teilsysteme abhängig ist. Zufallserscheinungen sind uns an
biologischen Systemen gut vertraut. Das fängt schon bei der Geschlechtsfestlegung an. Der Organismus ist während seiner ganzen Existenz einer
Vielzahl zufälliger Einflüsse unterworfen. Wir nehmen ständig durch Luft
und Nahrung eine Unzahl von Krankheitserregern in uns auf, deren
Lebensfähigkeit im Organismus vom zufälligen Niveau der Gegenkräfte
abhängt, die der Organismus entfalten kann. Davon und von vielen weiteren Faktoren hängt die Dauer einer Erkrankung ab, die ebenfalls eine
Zufallsgröße ist. Der zufällige Zeitraum zwischen zwei Erkrankungen gibt
Anlaß zur Einführung einer mittleren ausfallsfreien Zeit, die im Interesse
der Sozialversicherung und damit in unser aller Interesse möglichst groß
gemacht werden sollte durch Prophylaxe, d. h. vorbeugende Instandhaltung. Jedes biologische Experiment wie z. B. Anwendung eines optischen oder akustischen Reizes und Beobachtung seiner Wirkung in den
Gehirnspannungsverläufen (EEG) oder aktive Muskelbeanspruchung und
deren Auswirkung auf Herzpotentiale (EKG), Sauerstoffverbrauch, Blutdruck, Herzschlagfrequenz werden von einer Unzahl von nichterfaßbaren
Einflüssen überlagert, so daß es sehr schwer ist, die gesetzmäßigen Ursache-Wirkungs-Zusammenhänge aus dem gewonnenen Meßmaterial
herauszusondern. Zum Gewinnen gesicherter Resultate ist man hier gezwungen, in großem Umfang Methoden der statistischen Datenverarbei-

tung anzuwenden. Diese Verfahren reichen von der Überlagerung synchroner Abläufe (Average-Prinzip) zum Zwecke der Störgrößenkompensation bei Anhebung des Nutzsignals, über Berechnungen von Mittelwerten, Streuungen, Korrelationskoeffizienten bis zur Aufstellung komplizierter statistischer Modelle der Varianzanalyse und Faktorenanalyse.

Vermutlich ist teilweise zufälliges Arbeiten wesentlicher Bestandteil des Organismus überhaupt. Man nimmt an, daß die Informationsspeicherung im Gehirn dadurch zustande kommt, daß sich aus den Neuronen über den Weg der zufälligen Verbindungen unter der Einwirkung des äußeren Reizmilieus stabile Nervennetze herausbilden, die durch ihr Erregungsmuster und über die sich stabilisierenden Verbindungen zum Merken von äußeren Eindrücken und der Beziehungen zwischen ihnen führen. Heute versucht man in Rechenautomaten durch Programmieren künstlicher Neuronen und Herstellung zufälliger Verbindungen zwischen ihnen Neuronennetze zu schaffen, mit denen man Leistungen vollbringen kann, die denen des menschlichen Gehirns ähneln und die man z. B. zum Erlernen des Klassifizierens, der Zeichenerkennung usw. einsetzen kann. Hauptproblem ist dabei, wie es *J. v. Neumann* formuliert hat, aus unzuverlässigen Einzelelementen zuverlässig arbeitende sehr komplexe Systeme aufzubauen.

Bisher haben wir im wesentlichen nur über die negative Rolle von zufälligen Erscheinungen gesprochen. Man hat inzwischen jedoch gelernt, auch aus dieser Not eine Tugend zu machen.

Von konkreten Systemen verlangt man unter den Bedingungen der praktischen Anwendung stets ein in bezug auf bestimmte Kriterien optimales Verhalten, z. B., daß Schwankungen der Versorgungsgrößen in ihrem Einfluß auf die Arbeitsgrößen nach minimaler Zeit abgeklungen sein sollen und während des Übergangsvorganges vielleicht noch zusätzlichen Bedingungen genügen. Die optimale Erfüllung der gestellten Forderungen darf sich dabei natürlich nicht auf eine einzelne mögliche Störung beziehen, sondern soll nach Möglichkeit alle vorkommenden Störungen entsprechend ihren Häufigkeiten gleichermaßen berücksichtigen. Eine Schwankung, von deren zukünftigem Verlauf man noch keine Vorstellung hat, ist mithin als Realisierung eines zufälligen Prozesses anzusehen.

Man wird also die Parameter des zu entwerfenden Systems so wählen, daß sie optimal sind in bezug auf einen zufälligen Prozeß, d. h. auf alle Verläufe einer bestimmten Klasse möglicher Verläufe unter Berücksichtigung ihrer Auftrittshäufigkeiten.

Eine ähnliche Problematik tritt beim Analyseproblem, bei der Kenndatenbestimmung, ein. Arbeitende Systeme, deren Verhalten man mathematisch beschreiben möchte, können häufig ihrem Arbeitsbetrieb für Untersuchungen, die nur der Kenndatenbestimmung dienen, nicht entzogen werden; mitunter ändern sie auch ihren Charakter, wenn sie künstlichen Einzelsignalen unterworfen werden (z. B. die biologischen Systeme). Deshalb ist es wichtig, während des normalen Betriebs mit Hilfe der wirklich anfallenden zufälligen Schwankungen eine Kenndatenbestimmung durchzuführen. Hier werden dann also die Zufallserscheinungen, die an sich eine Störung des gewollten Verhaltens darstellen, ausgenutzt, um Erkenntnisse über das betreffende System zu gewinnen. Das ist eine normale Erscheinung bei allen Untersuchungen an biologischen Systemen. Ein Organismus verhält sich in künstlichen Untersuchungssituationen, wie

Narkose, hypnotischer Schlaf, in der Pawlow-Kammer usw., immer etwas anders als unter normalen Lebensbedingungen, wobei die Festlegung, was man als normal anzusehen hat, auch schon eine sehr schwierige Frage ist. Organe muß man in ihrer Funktion im Gesamtorganismus untersuchen, ein lebendes und künstlich versorgtes Einzelorgan, wie Herz, Leber, Niere usw., verhält sich wesentlich anders als in seiner normalen Umgebung. Das im Unterschied zur Technik, in der man aus Einzelelementuntersuchungen und unter Berücksichtigung der Zusammenschaltung sehr wohl weitreichende Schlüsse über das Verhalten einer komplizierten Schaltung ziehen kann. Solche Kenndatenbestimmungsverfahren, die bewußt die Zerfallserscheinungen einsetzen, haben eine Reihe von Vorteilen gegenüber Untersuchungsmethoden mit deterministischen Testsignalen:

1. Während deterministische Testverfahren durch vorhandene Zufallserscheinungen gestört und in ihrem Anwendungsbereich eingeschränkt werden, können unabhängige Störgrößen bei der Kenndatenbestimmung mit zufälligen Prozessen keinen wesentlichen Einfluß ausüben

2. Mathematische Modelle, die sich auf statistische Kenndatenbestimmungsverfahren stützen, sind in der Regel bei gleichem Kompliziertheitsgrad weitreichender als Modelle, die auf deterministischen Untersuchungsmethoden aufbauen

Das Entscheidungsverhalten von Organismen beruht wahrscheinlich sehr stark auf sog. heuristischen Algorithmen. Der Mensch, der eine komplizierte Situation, z. B. die Stellung einer Schachpartie, beurteilen soll, bedient sich dabei weitgehend statistischer Bewertungskriterien. Bei der Entscheidung für eine von vielen Möglichkeiten ist es ihm oft unmöglich, alle Varianten wirklich durchzuprobieren und untereinander abzuwägen, sondern er trifft wieder mit bestimmter statistischer Sicherheit und unter Anwendung statistischer Kriterien eine Auswahl, die die Zahl der durchzudenkenden Varianten stark reduziert. Danach werden die möglichen Varianten in ihren Folgerungen durch Vorwärtsspiel miteinander in ihrer Wirksamkeit verglichen, bis er sich letztlich statistisch für eine seiner Meinung nach beste Variante, z. B. für den nächsten Zug im Schachspiel entscheidet.

5. Kybernetische Systeme — Übertragungsglieder — black-box-Verhalten

5.1. Kybernetische Systeme

Die Kybernetik hat den Charakter einer Querschnittswissenschaft. Mit konkreten Systemen beschäftigen sich notwendigerweise alle Naturwissenschaften. Die Kybernetik untersucht die Frage, wie weit man von der Konkretheit der Systeme, d. h. der konkreten Natur der in ihnen wirksamen Größen, abstrahieren kann, ohne das Verhalten dieser Systeme wesentlich zu verändern; sie beschäftigt sich also mit der Aufstellung und Untersuchung allgemeiner Verhaltensmodelle und entwickelt dafür spezielle geeignete Verfahren und Betrachtungsweisen. Außer der Analyse abstrakter Systeme löst die Kybernetik Fragen des Entwurfs von Systemen, die eine vorgeschriebene Verhaltensweise optimal realisieren.

Sie hat einen Widerspiegelungsaspekt. Dafür benötigt sie Kybernetiker, die, im Besitz umfassender konkreter Erkenntnisse vieler Einzeldisziplinen, in der Lage sind, möglichst allgemeine Verhaltensmodelle zu entwerfen, um möglichst viele Gesetzmäßigkeiten von einer einheitlichen Modellbetrachtung her verstehen und erklären zu können. Dieses Bestreben teilt sie z. B. mit der theoretischen Physik.

Außerdem hat die Kybernetik aber auch einen rein systemtheoretischen Aspekt. Sie muß mit Hilfe mathematischer Methoden eine allgemeine Systemtheorie entwickeln, um ein gut bekanntes und durchforschtes Modellarsenal den Modellbildnern zur Verfügung stellen zu können.

Innerhalb der Systemtheorie untersucht sie allgemeine Gesetzmäßigkeiten. Hieraus ergibt sich ein dritter Aspekt der Kybernetik, ein Applikationsaspekt. Praktisch orientierte Systemtheoretiker müssen ständig auf der Suche nach konkreten fachspezifischen Zusammenhängen sein, bei denen theoretisch aufgedeckte Gesetzmäßigkeiten Anwendung finden können.

Damit ist dann der Kreis von der Praxis über die Theorie wieder zur Praxis geschlossen, durch den die verbindende Rolle der Kybernetik klar zum Ausdruck kommt.

Von konkreten Fachzusammenhängen kommt man beim Versuch einer Modellbeschreibung zu einer von der Theorie wohluntersuchten Systemklasse mit bestimmten allgemeinen Gesetzmäßigkeiten. Diese Gesetzmäßigkeiten überträgt man versuchsweise auf die konkrete Ausgangssituation als Bewährungstest für das gewählte Modell und andererseits auf verwandte Zusammenhänge anderer Disziplinen, die im Fall des Erfolges dann zueinander in Beziehung gesetzt sind.

Auf diese Weise ist es heute schon möglich, äußerlich ganz verschiedene Zusammenhänge in der Mechanik, der Hydrodynamik, der Elektrizitätslehre und der Optik durch völlig gleichartige Modelle zu beschreiben. Das Modell des elektrischen Netzwerkes aus konzentrierten Parametern findet heute in kybernetischer Verallgemeinerung umfangreiche Anwendung in der Mechanik, Pneumatik und Hydraulik. Die Modelle der elektrischen Leitung können mit Erfolg zur dynamischen Untersuchung der Druckleitungen in Pneumatik und Hydraulik angewandt werden.

Welche Rechtfertigung gibt es dafür, konkrete Systeme aus ganz verschiedenen Bereichen durch gleiche Modellvorstellungen zu beschreiben? Der Grund liegt darin, daß äußerlich ganz verschiedene Erscheinungen der Wirklichkeit von gleichartigen Gesetzmäßigkeiten beherrscht werden. Wir wollen diese Behauptung an einem Beispiel demonstrieren.

Ändert man sprunghaft die Umgebungstemperatur eines Thermometers, so folgt die Anzeige, z. B. die Standhöhe der Thermometerflüssigkeit, nicht sprunghaft, sondern ändert sich gemäß einem Verlauf, wie ihn Bild 19 zeigt. Eine gleichartige Änderung stellt man fest, wenn man über einen Widerstand sprunghaft eine Spannung an einen Kondensator legt bzw. wenn man sprunghaft den Druck am Eingang des im Bild 20 dargestellten pneumatischen Gliedes aus Widerstand und Speicher erhöht. Bei Nierenkontrastaufnahmen spritzt man intravenös ein Kontrastmittel, der Anstieg des Kontrastmittels in der Niere und dem anschließenden Harnleiter-Blase-System verläuft ebenfalls nach dem Verlauf vom Bild 19.

Untersucht man den dargestellten Verlauf auf seine spezifischen Eigenschaften, so stellt man fest, daß von einer beliebigen Stelle dieser Kurve ein Weiterwandern längs der Tangente bis zum Schnitt mit der Geraden,

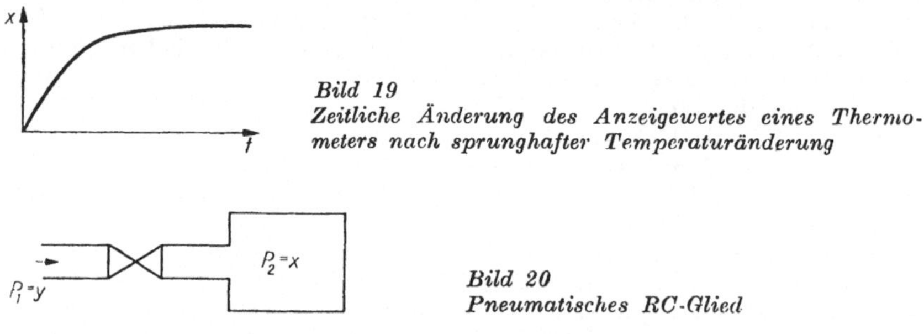

Bild 19
Zeitliche Änderung des Anzeigewertes eines Thermometers nach sprunghafter Temperaturänderung

Bild 20
Pneumatisches RC-Glied

die den Endzustand bezeichnet, die gleiche Zeit T dauert. Diese Zeit nennt man Zeitkonstante. Hieraus folgt, daß der Vorgang folgender Differentialgleichung genügt

$$T\frac{dx}{dt} + x = K\,y$$

Hierbei ist $y\,(t)$ die Ursache und $x\,(t)$ die Wirkung.

Wenn man also bei den obigen konkreten Systemen vom physikalischen Charakter der jeweiligen wesentlichen Größen abstrahiert und sich nur für deren Verlauf in Form einer mathematischen Funktion interessiert, so wird die Beziehung zwischen den beiden Verläufen der Ursache $y\,(t)$ und der Wirkung $x\,(t)$ in allen Fällen mit guter Näherung durch ein und dieselbe Beziehung beschrieben.
In Verallgemeinerung dieser Betrachtung kommt man zum Begriff des Verhaltens eines konkreten Systems, der die Grundlage des kybernetischen Systembegriffs bildet.

Unter dem Verhalten eines konkreten Systems versteht man die Gesamtheit der Abhängigkeitsbeziehungen zwischen den Zeitverläufen der als wesentlich ausgesonderten Größen. Dies können Größen sein, die das „Innenleben" des Systems beschreiben oder die die Wechselbeziehung des Systems mit seiner Umgebung charakterisieren. Sehen wir von dem konkreten Charakter der beteiligten Größen ab, so werden deren zeitliche Verläufe einfach Funktionen im mathematischen Sinne, und die Abhängigkeitsbeziehungen lassen sich durch mathematische Relationen ausdrücken.
Konkrete Systeme, die gleiches Verhalten besitzen, d. h. für die sich die Abhängigkeitsbeziehungen zwischen den wesentlichen Größen bei Abstraktion von deren konkreten physikalischen Dimensionen durch die gleichen mathematischen Relationen ausdrücken lassen, fassen wir in einer Klasse zusammen. Eine solche durch eine abstrakte Verhaltensweise charakterisierte Klasse nennen wir *abstraktes* oder *kybernetisches System*. Jeden Repräsentanten einer solchen Klasse nennen wir eine Realisierung des abstrakten Systems.

Der Übergang von einem konkreten System zum zugehörigen kybernetischen System entkleidet dieses vollständig von seinem physikalischen
Inhalt. Wir erhalten dadurch ein abstraktes Verhaltensmodell.

5.2. Übertragungsglieder

Häufig ist es möglich, die wesentlichen Größen eines Systems in zwei
Typen einzuteilen: in Ursachengrößen, welche die Einwirkung der Umgebung auf das System realisieren und die Wirkungsgrößen, die die Rückwirkung des Systems auf die Umwelt, seine Reaktion wiedergeben. In
diesem Fall interessieren innere Systemgrößen nicht.

> Sind innere Systemgrößen für die Betrachtung ohne Interesse und
> lassen sich alle anderen wesentlichen Größen in zwei Klassen y_1, y_2,
> ..., y_k und x_1, x_2, ..., x_l so einteilen, daß die Größen x_j in ihrer Ge
> samtheit kausal von den Größen y_i abhängig sind, so nennen wir das
> betreffende System ein Übertragungsglied, die Größen y_i heißen dann
> die Eingangsgrößen und die Größen x_j die Ausgangsgrößen des Gliedes.

Ein Übertragungsglied ist also durch eine eindeutige Wirkungsrichtung
zwischen dem Vektor der Eingangsgrößen $(y_1, y_2, ..., y_k) = y$ und dem
Vektor der Ausgangsgrößen $(x_1, x_2, ..., x_l) = x$ gekenzeichnet.
Jeder Zeitverlauf $x_i(t)$ muß sich im Fall eines deterministischen Gliedes,
bei dem zusätzliche Zufallseinflüsse vernachlässigt werden, eindeutig aus
den zugrunde liegenden Zeitverläufen der Größen $y_i(t)$ berechnen lassen.

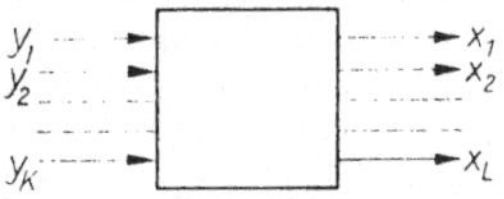

Bild 21
Blockbild eines Übertragungsgliedes

Jedoch ist die Beschränkung auf Glieder mit deterministischem Verhalten
nicht zwingend, wesentlich ist die eindeutige Wirkungsrichtung, d. h.,
daß die Ausgangsgrößen auf die Eingangsgrößen nicht zurückwirken
dürfen. Es ist durchaus zugelassen, daß zwischen Eingangs- und Ausgangsgrößen nur statistische Abhängigkeiten bestehen. Für die Übertragungsglieder hat sich die im Bild 21 dargestellte Blockbilddarstellung eingebürgert. Die Eingangsgrößen werden durch die in das Rechteck einmündenden und die Ausgangsgrößen durch die aus dem Rechteck austretenden
Pfeile veranschaulicht. Die Größenbezeichnungen werden an die betreffenden Pfeile (Wirkungslinien) angeschrieben. In das Rechteck werden
gewöhnlich noch Angaben zum Übertragungsverhalten selbst eingetragen.
Es ist klar, daß kausale Beziehungen zwischen Größen nur Sonderfälle
der allgemeinen Wechselwirkungsbeziehungen sind. Und doch versucht
der Mensch seit jeher die komplizierten Beziehungen in der Welt möglichst weitgehend in Ursache-Wirkungsbeziehungen aufzulösen. Dies ist
aus zweierlei Gründen naheliegend. Einmal hat die Zeit einen gerichteten
Ablauf. Es kann alles das, was in der Gegenwart geschieht, Ursache für
zukünftige Ereignisse sein, während die Geschehnisse der Zukunft keine
Einwirkung auf die Gegenwart haben können. Von der Gegenwart führt

in die Zukunft also eine eindeutige Wirkungsrichtung; hier gelten kausale
Gesetze. Zum anderen wirkt der Mensch auf die Natur ein. Er bearbeitet
Material. Die Ursache, die Arbeit seiner Hände, bewirkt gewollte Veränderungen. Natürlich widersetzt sich der Stoff der Umformung durch
den Menschen. Es gilt ja die Newtonsche Regel „actio = reactio", doch
davon sieht der Mensch im Endeffekt ab, er sieht nur das eine, er hat den
Stoff bearbeitet und dieser hat die gewollte Form angenommen, oder er
hat durch ein Experiment eine Frage an die Natur gestellt und die Natur
hat mit einer bestimmten Reaktion geantwortet.

Seine Arbeit und sein Leben in der Zeit verführen zu dem Gedanken,
daß jegliches Geschehen allein durch kausale Beziehungen zu erklären sei.
Dies hat zu der philosophischen Richtung des absoluten Determinismus
geführt. Ein alles überschauender Geist, der den Zustand der Welt und
alle Wechselbeziehungen zu einem bestimmten Zeitpunkt kennt, müßte
in der Lage sein, sämtliches zukünftiges Geschehen eindeutig vorher-
zusagen.

Dieser verabsolutierte Standpunkt ist philosophisch unhaltbar, weil er
von nichtrealisierbaren Voraussetzungen ausgeht, weil die Dialektik des
Teil-Ganzen und des Wesentlich-Unwesentlichen verletzt wird. Nach
diesem Standpunkt würde im Prinzip jegliches Geschehen streng determiniert wie ein Film ablaufen; jede Handlung des Menschen, jede kleinste
Bewegung in der Natur wäre im voraus bis auf alle Zeiten eindeutig festgelegt.

Selbstverständlich hat der Standpunkt der Kausalität und der eindeutigen
Vorhersage der Zukunft eines Systems bei bekanntem gegenwärtigem Zustand eine Berechtigung und auch große praktische Bedeutung, man darf
ihn nur nicht auf das gesamte Universum ausdehnen, sondern man kann
ihn nur auf dafür geeignete Teilbereiche der objektiven Realität anwenden.

Viele technische Systeme sind Übertragungsglieder im oben definierten
Sinne. Man steckt in diese über Versorgungsgrößen, Energie, Masse, Information, kurzzeitliche Änderungen gesteuerter oder kontrollierter Größen
hinein und dosiert diese Zuführungen so, daß damit die Aufgabengrößen
ein gewünschtes Soll-Verhalten zeigen. Eine richtige Dosierung wäre in
Frage gestellt, wenn die Aufgabengrößen einen weitgehend nichtbeherrsch-
baren umgekehrten Einfluß auf die Versorgungsgrößen hätten. Man sorgt
dafür, daß eine solche Rückwirkung der Aufgabengrößen, die man als
Ausgangsgrößen aufzufassen hat, auf die Versorgungsgrößen, die Eingangsgrößen, weitgehend ausgeschaltet werden. Man denke z. B. an die
Felderregungsspannung eines Elektrometers und das Drehmoment der
abgetriebenen Welle oder an den Flüssigkeitsstrom, der einem Hydro-
motor zugeführt wird und dessen Drehzahl. Meßgeräte werden am Eingang
mit der zu messenden Größe beaufschlagt. Sie sollen während der Messung nach Möglichkeit das Meßobjekt nicht beeinflussen, d. h., sie sollen
keine Rückwirkung auf das Meßsystem ausüben. In diesem Fall ist die
Ausgangsgröße eines solchen Meßfühlers kausal determiniert durch die
Meßgröße als Eingangsgröße. Meßfühler sind also in der Regel Übertragungsglieder. In der Medizin kann die medikamentöse Beeinflussung eines
Organismus als Eingangsgröße und die Medikamentwirkung als Ausgangsgröße eines Übertragungsgliedes angesehen werden. Es ist klar, daß die

Medikamentwirkung, z. B. Herzfrequenzerhöhung, keine Einwirkung auf die Medikamentgabe hat. Wenn man eine bestimmte Rechenaufgabe zu lösen hat, wie z. B. aus einer gegebenen Anzahl von Zahlen das arithmetische Mittel zu bilden, so sind die vorgegebenen zur Verarbeitung anstehenden Werte mögliche Werte von Eingangsgrößen und das Ziel der Aufgabe, die angestrebten Lösungen, sind die Ausgangswerte. Bei korrekt gestellter Aufgabe werden nach bestimmten Regeln einfach die Eingabewerte in bestimmte Ausgabewerte umgeformt. Die Ausgabewerte haben natürlich dann keinerlei Einfluß auf die vorgegebenen Werte. Es handelt sich hier um ein Übertragungsglied, dessen Verhaltensweise durch einen Satz in bestimmter Reihenfolge abzuarbeitender mathematischer Operationen, durch einen sog. Algorithmus festgelegt ist.

Die Verhaltensweise eines Übertragungsgliedes nennt man sein Übertragungsverhalten. Das Übertragungsverhalten ist ganz allgemein schwer zu fassen; es kann sich zeitlich ändern, wenn die Beziehungen zwischen den wesentlichen Größen im Laufe der Zeit andere werden. Solche Änderungen können stochastisch oder deterministisch nach vorgegebenen Gesetzen erfolgen. Das Übertragungsverhalten kann von der verarbeiteten Information selbst abhängig sein. Hier handelt es sich dann auch um eine Art stochastisch veränderliches Übertragungsverhalten, weil man ja im voraus nicht wissen kann, welche Information zur Verarbeitung gelangen wird. Der einfachste Fall liegt dann vor, wenn das Übertragungsverhalten zeitunabhängig ist und auch nicht von der verarbeiteten Information selbst abhängt. Mit diesem einfachsten, aber weit verbreiteten Spezialfall der Übertragungsglieder wollen wir uns nun kurz auseinandersetzen.

Das Übertragungsverhalten solcher Glieder läßt sich durch Ausgabe eines sog. Operators, des *Übertragungsoperators*, beschreiben. Der Übertragungsoperator gibt in der erforderlichen Reihenfolge die mathematischen Operationen an, die auf die Zeitverläufe der Eingangsgrößen anzuwenden sind, um die dadurch festgelegten Zeitverläufe der Ausgangsgrößen zu erhalten. Es handelt sich hierbei um die Angabe des Informationsumwandlungsalgorithmus. Wir bezeichnen den Operator symbolisch mit F und die Vektoren der Eingangsgrößen und Ausgangsgrößen mit y bzw. x. Dann können wir das Übertragungsverhalten symbolisch wie folgt darstellen

$$x = F\,y$$

Es muß natürlich die Zusammensetzung von F durch mathematische Operationen im einzelnen bekannt sein, ehe man in der Lage ist, zu gegebenen Ursachezeitfunktionen wirklich die entsprechenden Wirkungszeitfunktionen auszurechnen.

Beispielsweise kann F wie folgt gegeben sein:

$$x = F\,y = \int\limits_0^t \left(a_1 y_1{}^2\,(t') + a_2 y_2'\,(t')\right)\,\mathrm{d}t'$$

F ist hier also symbolische Abkürzung folgender Operationsfolge:

1. Bilde die Änderungsgeschwindigkeit $y_2'\,(t) = d/dt\ y_2\,(t)$ der Ursachengröße $y_2\,(t)$ und multipliziere das Ergebnis mit der Konstanten a_2,

2. Quadriere die Ursachengröße $y_1\,(t)$ und multipliziere das Ergebnis mit der Konstanten a_1

3. Addiere die in Ausführung von 1. und 2. erhaltenen Funktionen und integriere die Summenfunktion im Intervall von 0 bis t

Für die Klasse der Übertragungsglieder, die sich durch Operatoren beschreiben lassen, sind einige weiterführende spezielle Begriffsbildungen sehr wichtig.

An die Übertragungsoperatoren F ist die folgende Kausalitäts- oder Realisierbarkeitsforderung zu stellen:

Der Operator F muß so beschaffen sein, daß zur Berechnung von Wirkungszeitverläufen zum Zeitpunkt t nur Ursachenzeitverläufe zu Zeiten t' mit $t' \leq t$ benötigt werden, d. h., die gegenwärtigen Werte der Wirkungen dürfen nicht von zukünftigen Werten der Ursachen abhängig sein.

Der Operator F heißt zeitinvariant oder stationär wenn eine Verzögerung der Ursachenzeitverläufe zu einer gleichen Verzögerung der Zeitverläufe der Wirkungen führt

$$x\,(t - \tau) = F\,y\,(t - \tau) \quad \text{für beliebiges } \tau.$$

Das ist eine sehr wichtige Voraussetzung, da nur solche Glieder Wiederholungen gleichartiger Versuche zulassen und sich dabei dieselben Wirkungen reproduzieren.

Von besonderer Wichtigkeit für die praktischen Anwendungen sind die sog. linearen Glieder.

Ein Glied heißt linear, wenn sowohl für seine Eingangs- als auch Ausgangssignale eine Addition und eine Multiplikation mit Koeffizienten erklärt ist und wenn für den Zusammenhang zwischen Ursachen und Wirkungen das Gesetz der linearen Superposition gilt:

$$F\,(k_1 y^1 + k_2 y^2) = k_1\,F\,(y^1) + k_2\,F\,(y^2)$$

Hierbei sind y^1, y^2 zwei beliebige Ursachenzeitverläufe.

Bei den linearen Gliedern produziert also jede Ursache unabhängig ihre Wirkung, und die so erhaltenen Teilwirkungen überlagern sich zur Gesamtwirkung genau so wie die Einzelursachen zur Gesamtursache.

Den linearen Gliedern kommt deshalb eine so große Bedeutung zu, weil in der Praxis viele Übertragungsglieder näherungsweise bei nicht zu großen Schwankungen der Werte der Ursachenzeitverläufe als lineare Glieder beschrieben werden können.

Elektrische Netze aus ohmschen Widerständen, Induktivitäten und Kapazitäten, mechanische Netze aus Massen, Federn und linearen z. B. geschwindigkeitsproportionalen Dämpfungen führen bei Auswahl einiger Spannungen und Ströme bzw. einiger Auslenkungen und Geschwindigkeiten zu linearen Übertragungsgliedern. Ein wichtiges Beispiel aus diesem Anwendungsbereich stellen die Leitungen dar. Eine elektrische Leitung hat als Eingangsgrößen die an zwei Eingangsklemmen anliegende Spannung und den Strom, der in die Leitung einfließt. In jedem auch noch so kleinen Leitungsstück kommt es zu einem Spannungsabfall aufgrund eines stets vorhandenen ohmschen Längswiderstandes und aufgrund einer Längsinduktivität, weil sich in dem stromdurchflossenen Leitungsstück

immer ein Magnetfeld aufbaut. Ferner kommt es auch stets zu einem
Stromverlust aufgrund einer Ableitung, d. h. eines Ladungsverlustes und
zum anderen wegen stets vorhandener Ladeströme von Querkapazitäten.
Die am Ausgang eines solchen kleinen Elements der Leitung noch vorhandene Spannung und der noch vorhandene Strom sind die Ausgangsgrößen des Übertragungsgliedes. Diese werden zu Eingangsgrößen des
nächsten Leiterelements usw.

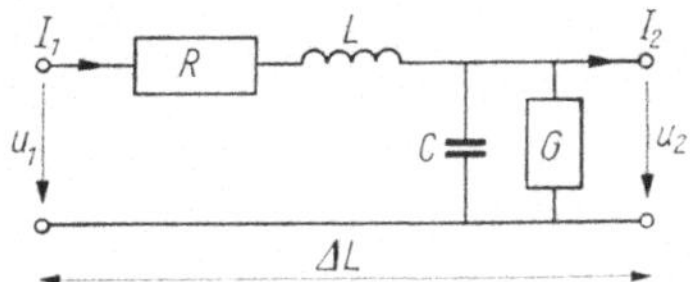

Bild 22. Elektrisches Leitungsmodell

In pneumatischen Leitungen kommt es zu einem Druckabfall des Ein-
gangsdruckes an Widerständen, wie z. B. Verengungen des Leitungsquer-
schnittes und dadurch, daß die Luftsäule in Bewegung versetzt wird,
die mechanische Gegenkraft führt, nach dem D'Alembertschen Prinzip
zu einem Druckabfall, der im elektrischen Fall der Wirkung einer Induk-
tivität analog ist. Stromverluste im Sinne einer Ableitung bekommt man
bei Leckverlusten, d. h., wenn die Leitung eine gewisse Luftdurchlässigkeit
besitzt, und Stromverluste im Sinne einer Kapazität erhält man durch die
Kompressibilität der Luft, die eine gewisse Federwirkung mit sich bringt.
Ausgangsdruck und Ausgangsstrom sind dann die Ausgangsgrößen eines
Elements der pneumatischen Leitung.
Weitverbreitet sind lineare Glieder mit einer Eingangsgröße y und einer
Ausgangsgröße x, bei denen sich der Operator in Form eines Faltungs-
integrals mit Hilfe einer stetigen Gewichtsfunktion $g(t)$ wie folgt dar-
stellen läßt

$$x(t) = \int_0^t g(t - t')\, y(t')\, dt'$$

Es ist offensichtlich, daß diese Glieder linear, kausal und zeitinvariant
sind.

Die Reaktion dieser Glieder auf einen Einheitssprung der Eingangsgröße

$$1(t) = \begin{cases} 1 & \text{für } t > 0 \\ 0 & \text{für } t \geq 0 \end{cases}$$

nennt man seine Übergangsfunktion $h(t)$. Für diese erhält man offensichtlich

$$h(t) = \int_0^t g(t')\, dt'$$

Glieder dieser Art, deren Übertragungsfunktion einer von Null verschiedenen Konstanten zustrebt, nennt man (asymptotische) Proportional-
glieder (aP-Glieder), streben sie der Konstanten 0 zu, so nennt man sie
(asymptotische) Differentialglieder (aD-Glieder). Strebt jedoch die Übergangsfunktion $h(t)$ gegen ∞ oder $-\infty$, so nennt man diese Glieder ohne

Ausgleich. Nähert sich dabei $h(t)$ einer Parabel bestimmter Ordnung durch den Nullpunkt, so spricht man von (asymptotisch) integrierenden Gliedern (aI-Glieder). Wichtig ist die Feststellung, wie sich die Übertragungsoperatoren bei bestimmten Schaltungen von Übertragungsgliedern verhalten. Wir wollen das Schaltungsproblem hier nicht in voller Breite anschneiden, sondern nur spezielle wichtige Grundschaltungen, wie die Reihen-, Parallel- und Rückführschaltung betrachten.

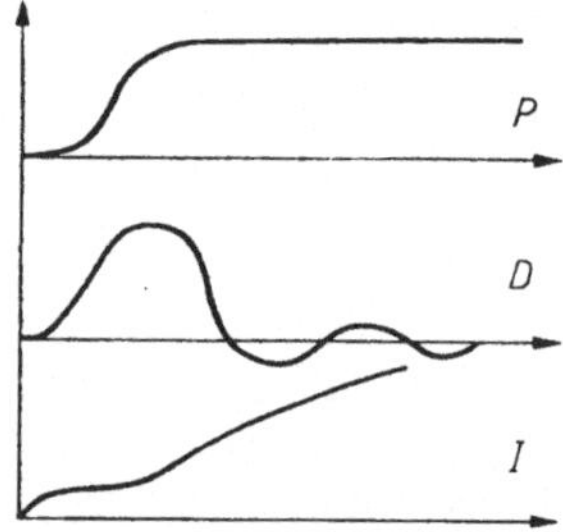

Bild 23
Die Übergangsfunktionen (asymptotischer)
P-Glieder, D-Glieder und I-Glieder

Reihenschaltung von Übertragungsgliedern

Bei der Reihenschaltung zweier Übertragungsglieder sind die Ausgangsgrößen des ersten Gliedes identifiziert mit entsprechenden Eingangsgrößen des zweiten Gliedes. Es entsteht hierbei ein Glied mit dem Operator $F = F_2 F_1$, der gleich der Nacheinanderausführung der beiden Operatoren F_2 und F_1 der zusammengeschalteten Glieder ist.

Bild 24 zeigt das Blockschaltbild einer Reihenschaltung zweier Glieder.

Bild 24. Reihenschaltung zweier Glieder

Sind die Einzeloperatoren Faltungsintegraloperatoren mit den Gewichtsfunktionen $g_1(t)$ und $g_2(t)$, so ergibt sich aus der Reihenschaltung wieder ein Glied mit einem Faltungsintegraloperator und der Gewichtsfunktion

$$g(t) = \int_0^t g_2(t - t')\, g_1(t')\, \mathrm{d}t'$$

Ein System mit den Hauptversorgungsgrößen als Eingangsgröße, den Aufgabengrößen als Ausgangsgrößen, an das für jede Ausgangsgröße jeweils ein Meßfühler rückwirkungsfrei angeschlossen ist, führt zu einer Reihenschaltung zweier Glieder, dem Hauptsystem und einem System aus Meßfühlern. Das Auge mit Lichtverteilungen als Eingangsgröße und Intensitätsmuster in den Photorezeptoren auf der Netzhaut als Ausgangsgrößen mit dem nachgeschalteten Bündel aus Nervenbahnen, in denen der Intensität entsprechend Impulssalven ans Gehirn weitergegeben werden, ist ebenfalls Reihenschaltung zweier Glieder. Bei den Strukturen des staatlichen und wirtschaftlichen Verwaltungsapparates sind mehrere Leitungsebenen zu unterscheiden. In jeder Leitungsebene gibt es im gewissen Bereich Eigenentscheidung und Eigenverantwortung. Vertikal läuft durch die Hierarchie der Verwaltungsebenen die Ordnung der Weisungsbefugnis.

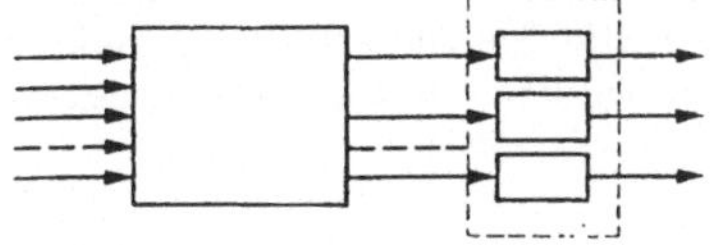

Bild 25. Ein System mit angeschlossenen Meßfühlern als Reihenschaltung

Hinsichtlich der Weisungen von oben nach unten können zwei in der Hierarchie aufeinanderfolgende Leitungsebenen als Übertragungsglieder betrachtet werden. Die Weisungen an eine Institution sind die Eingangsgrößen; diese Weisungen werden in gewisser Weise umgewandelt, modifiziert, ergänzt und auf speziellere Belange konkretisiert als Eingangsgrößen an die nächstniedere Institution weitergegeben und gelangen von dort ebenfalls wieder umgewandelt weiter nach unten in der Hierarchie bis an die Stelle der unmittelbaren Durchführung. Diese Stelle braucht jedoch nicht notwendigerweise die unterste Stufe der Hierarchie zu sein. Dieses Beispiel ist etwas schematisch, weil in vielen Fällen keine rückwirkungsfreie Zusammenschaltung vorliegt, sondern vor der Weisungsübergabe an die nächstniedere Instanz Beratungen durchgeführt werden können, die bereits eine gewisse Rückwirkung nach oben, d. h. auf die im Informationsfluß früheren Stellen, bringen kann.

Parallelschaltung von Übertragungsgliedern

> Zwei Glieder sind parallel geschaltet, wenn ihre Eingangsgrößen von gleicher Art und Anzahl sind und wenn diese mit den gleichen Ursachenverläufen beaufschlagt werden. Ferner ist erforderlich, daß am Ausgang die Wirkungen beider Glieder miteinander zu einer Gesamtwirkung verrechnet werden.

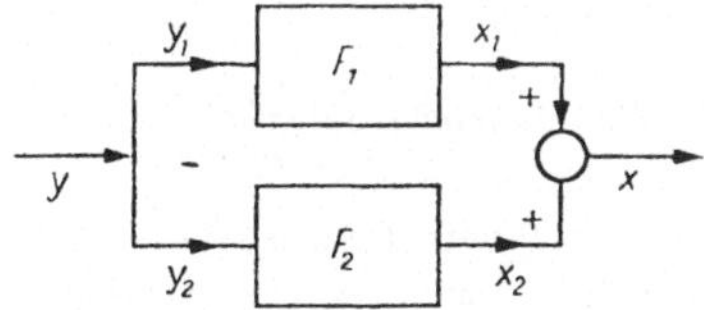

Bild 26. Parallelschaltung

Zur Parallelschaltung im engeren Sinne gelangt man, wenn eine Addition für Ein- und Ausgangssignale erklärt ist und verlangt wird, daß die Gesamtwirkung der Parallelschaltung die Summe (Differenz) der Einzelwirkungen beider Glieder ist. Im letzten Fall ergibt sich der Operator der Parallelschaltung als Summe der beiden einzelnen Operatoren

$$F = F_1 + F_2$$

Bei einer Zusammenschaltung zweier Widerstände so, daß sie vom gleichen Strom durchflossen werden, addieren sich die Einzelspannungen zur Gesamtspannung. Ist der Gesamtstrom die gemeinsame Eingangsgröße und sind die an den einzelnen Widerständen abfallenden Spannungen die Ausgangsgrößen, so liegt eine Parallelschaltung im obigen Sinne vor.
Sind die Einzeloperatoren Faltungsintegraloperatoren mit den Gewichtsfunktionen $g_1(t)$ und $g_2(t)$, so entsteht durch die Parallelschaltung beider Glieder ein Glied, dessen Operator ebenfalls wieder ein Faltungsintegraloperator ist mit der Gewichtsfunktion

$$g(t) = g_1(t) + g_2(t)$$

Werden in Verwaltungsinstitutionen Weisungen in horizontaler Richtung weitergegeben, so muß jede der parallelarbeitenden Institutionen die gleichen erhaltenen Weisungen auf ihre Belange konkret anwenden und ausnutzen. Ist die Wirksamkeit der Weisungen beispielsweise in einer Gewinnsteigerung meßbar und fügen wir die einzeln erhaltenen Gewinnsteigerungen zum Gesamtgewinn zusammen, so liegt eine Parallelschaltung der horizontal arbeitenden Institutionen vor.

Bild 26 zeigt das Blockschaltbild der Parallelschaltung im engeren Sinne. Werden die Ausgangsgrößen nicht addiert, sondern voneinander abgezogen, so spricht man von einer Subtraktionsschaltung.

Rückführschaltung von Übertragungsgliedern

Wie Bild 27 zeigt, ist die Rückführschaltung eine Kombinationsschaltung, in der zwei Glieder, das Vorwärtsglied und das Rückwärtsglied, zueinander in Reihe geschaltet sind. Die Eingangsgröße des Vorwärtsgliedes berechnet sich, indem von der gesamten Eingangsgröße die Ausgangsgröße des Rückwärtsgliedes subtrahiert bzw. zu ihr addiert wird. Die Ausgangsgröße der gesamten Schaltung ist mit der Ausgangsgröße des Vorwärtsgliedes identisch.

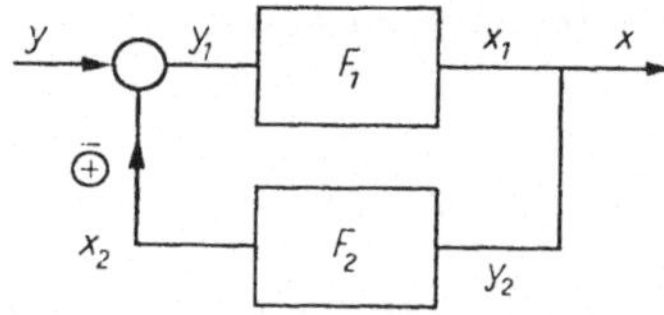

Bild 27. Rückführschaltung

Rückführschaltungen sind, wenn man vom Sollwert-Istwert-Vergleich absieht, eigentlich bereits Regelkreise. Dafür werden wir an späterer Stelle Beispiele kennenlernen. Man veranschauliche sich die prinzipielle Wirkungsweise an der im Bild 17 dargestellten Behälterstandsregelung.

Rückführschaltungen haben in der oben definierten Form natürlich nur Sinn für Signale, für die eine Addition erklärt ist.

Grundlage für die Berechnung des Operators F einer Rückführschaltung ist folgende Bilanz

$$F_1(y - F_2 x) = x$$

46

Ist F_1 ein linearer Operator, so ergibt sich

$$(1 + F_1 F_2)\, x = F_1\, y$$

Besitzt der Operator $1 + F_1 F_2$ einen inversen Operator, der seine Wirkungsweise rückgängig macht und für den wir schreiben $1/(1 + F_1 F_2)$, so ergibt sich der Operator der Rückführschaltung zu

$$F = \frac{1}{1 + F_1 F_2}\, F_1$$

Eingehendere mathematische Angaben über die Eigenschaften von Rückführschaltungen kann man der entsprechenden speziellen Fachliteratur über Regelungstechnik entnehmen, z. B. [7] [RA 10] [RA 11].

Übertragungsglieder, deren Eingangs- und Ausgangssignale Abtastsignale sind, d. h. Zahlenfolgen $\{f(iT)\}$, die sich durch Abtastung aus analogen Signalen $f(t)$ mit konstanter Tastperiode T ergeben, lassen sich völlig analog zu den analogen linearen Gliedern behandeln, deren Ein- und Ausgangssignale analoge kontinuierliche Signale sind.

Eine besonders wichtige Rolle spielen in der Kybernetik die sog. binären Glieder, denen wir ihrer Bedeutung wegen einen gesonderten Abschnitt widmen wollen.

5.3. Binäre Übertragungsglieder im Taktbetrieb

Binäre Übertragungsglieder sind Glieder, bei denen alle Eingangs- und Ausgangssignale binäre Signale sein müssen. Binäre Signale sind spezielle diskrete Signale. Sie haben Werte bzw. erfahren Wertänderungen nur an den Zeitpunkten einer Taktfolge $t_i = iT$, und als Werte kommen nur die Symbole 0 und 1 in Frage, mitunter auch zur Unterscheidung der Ziffern mit O und L bezeichnet. In der Praxis verwirklicht man diese Signale entweder durch Potentialrealisierung, wobei Potentiale sich jeweils nur sprunghaft ändern können, nur die Potentialwerte 0 und 1 vorhanden sind, die Sprungstellen an den Tastzeitpunkten liegen, während zwischen zwei Tastzeitpunkten das Potential konstant ist, oder aber man verwirklicht sie durch Impulsrealisierung, wo jeweils an den Tastzeitpunkten Normimpulse der beiden Höhen 0 und 1 mit vorgegebener Breite beginnen können, die wesentlich kleiner als die Tastperiode sein muß.

Wesentlich für die Arbeitsweise der binären Glieder ist, daß wir immer nur die Taktzeitpunkte zu betrachten brauchen, und daß jede Belegung der Eingangsgrößen y_i mit 0 oder 1 zu einem Taktzeitpunkt eine eindeutig bestimmte Belegung der Ausgangsgrößen x_j ebenfalls mit Werten 0 bzw. 1 nach sich zieht. Es ist jedoch im allgemeinen nicht gesagt, daß ein solches Glied bei gleicher Belegung der Eingangsgrößen immer ein und dieselbe Belegung der Ausgangsgrößen zeigt, sondern sein Übertragungsverhalten kann wie allgemein bei den Übertragungsgliedern von der Zeit und von der Vorgeschichte, d. h. von der Vergangenheit der wirkenden Signale, abhängig sein. Ist das Übertragungsverhalten eines binären Gliedes weder explizit von der Taktfolge noch von der Vorgeschichte der Signale abhängig, ist also die Belegung der Ausgangsgrößen völlig bestimmt, wenn man nur die Belegung der Eingangsgrößen kennt, so erhält man ein spezielles binäres Glied, das man statisches binäres Glied nennt.

Ein solches Glied wird offenbar durch einen Operator F beschrieben, der für jede Ausgangsgröße x_i darstellbar in der Form ist

$$x_i = f_i \, (y_1, y_2, \ldots, y_k)$$

Bei den hier verwendeten Funktionen handelt es sich um Funktionen spezieller Natur.

Ihr Definitionsbereich beschränkt sich auf die Variablenkombinationen $y_j = 0$ oder 1 und ihre Werte können ebenfalls nur die beiden Zahlen 0 oder 1 sein.

Solche Funktionen nennt man Schaltfunktionen.

In der Mathematik ist man bestrebt, komplizierte Funktionen mit Hilfe einfacherer Funktionen auszudrücken. Man bedient sich dabei z. B. der Potenzfunktionen, der trigonometrischen Funktionen sowie Reihenentwicklungen nach diesen Funktionen.

Auch für die Schaltfunktionen gibt es Grundfunktionen, mit denen sich alle Schaltfunktionen durch einfache Formeln ausdrücken lassen. Als solche Grundfunktionen eignen sich die Funktionen Und ($\wedge$), Oder ($\vee$) und Nicht ($^-$), deren Übertragungsverhalten durch folgende Tabelle gegeben ist

y_1	y_2	$y_1 \wedge y_2$	$y_1 \vee y_2$	$y_2{}^{y_1}$	
0	0	0	0	1	
0	1	0	1	0	y_2 Nicht
1	0	0	1	0	
1	1	1	1	1	y_2 Identität

Mit Hilfe dieser Grundfunktionen läßt sich jede Schaltfunktion $f \, (y_1, y_2, \ldots, y_k)$ durch eine Formel darstellen. Diese Darstellungen sind nicht eindeutig; es gibt zwei ausgezeichnete Darstellungen, die man vollständige disjunktive Normalform bzw. vollständige konjunktive Normalform nennt.

$$f \, (y_1, y_2, \ldots, y_k) = \bigvee y_1{}^{z_1} y_2{}^{z_2} \ldots y_k{}^{z_k},$$

wobei sich die Disjunktionsbildung über alle Lösungen der Gleichung $f \, (z_1, z_2, \ldots, z_k) = 1$ erstreckt, nennt man vollständige disjunktive Normalform.

$$f \, (y_1, y_2, \ldots, y_k) = \bigwedge y_1{}^{z_1} \vee y_2{}^{z_2} \vee \ldots \vee y_k{}^{z_k}$$

wobei die Konjunktionsbildung sich über alle Lösungen der Gleichung $f \, (z_1, z_2, \ldots, z_k) = 0$ erstreckt, nennt man vollständige konjunktive Normalform.

Weil die Darstellung einer Schaltfunktion durch die Grundoperationen nicht eindeutig ist, entsteht z. B. das Problem aus der Gesamtheit der Darstellungen einer Schaltfunktion durch eine Disjunktion aus Konjunktionen (Konjunktionsverbindung von negierten oder nichtnegierten Variablen) eine solche auszuwählen, die eine Minimalzahl von Variablen enthält. Das heißt, bei einer Realisierung durch Schalter, eine Realisierung zu wählen, die eine Minimalzahl von Kontakten benötigt. Eine solche Darstellung heißt minimale disjunktive Normalform. Nähere Angaben über diese Problematik findet man in RA 25.

So läßt sich z. B. für die Schaltfunktion

$$x = y_1 y_2 \bar{y}_3 \vee y_1 \bar{y}_2 y_3 \vee \bar{y}_1 y_2 y_3 \vee y_1 y_2 y_3$$

folgende minimale disjunktive Normalform angeben

$$x = y_1 y_2 \vee y_1 y_3 \vee y_2 y_3$$

Diese kann man durch Klammern noch weiter vereinfachen zu

$$x = y_1 (y_2 \vee y_3) \vee y_2 y_3$$

Bild 28 zeigt die Blockbilddarstellung für Glieder, die die logischen Grundfunktionen verwirklichen und Bild 29 die zugehörige Blockbildrealisierung der geklammerten minimalen disjunktiven Normalform.

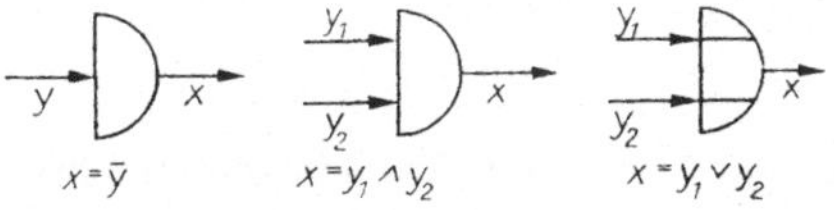

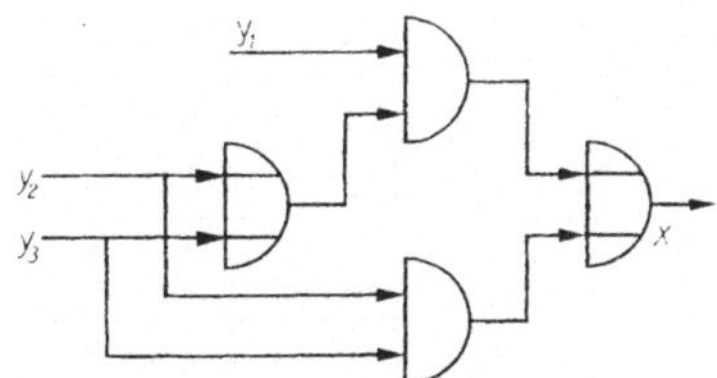

Bild 28. Blockschaltbilder der binären Grundglieder

Bild 29. Blockschaltbild einer geklammerten minimalen disjunktiven Normalform

Die beschriebenen statischen binären Glieder stellen nur die einfachste Form binärer Glieder dar. Es handelt sich um die Glieder mit einem dynamikfreien Übertragungsverhalten (vgl. die Ausführungen von 5.4.).
Der allgemeinste Fall binärer Glieder läßt eine explizite Abhängigkeit des Übertragungsverhaltens von der Taktzeit sowie von der Vorgeschichte der Eingangs- und Ausgangsvariablen und innerer Variablen der sog. Zustandsvariablen zu.
Wir wollen dem Fall der zeitabhängigen Glieder, bei denen eine explizite Zeitabhängigkeit nicht vorhanden ist, noch etwas Aufmerksamkeit schenken. Nähere Angaben über die binären Glieder findet man z. B. in [32] [38].

Diese Glieder lassen sich durch passende Variablensubstitutionen stets auf die folgende allgemeine Form bringen

$$x^n = F(y^n, z^{n-1})$$

$$z^n = G(y^n, z^{n-1})$$

Dabei ist $y = (y_1, y_2, \ldots, y_k)$ ein Vektor aus binären Eingangsgrößen y_i, $x = (x_1, x_2, \ldots, x_l)$ ein Vektor aus binären Ausgangsgrößen x_j und $z = (z_1, z_2, \ldots, z_r)$ ein Vektor innerer binärer Größen, sog. Zustandsgrößen. Der hochgestellte Index n weist auf die Belegung der jeweiligen binären Größen mit 0 oder 1 zum Taktzeitpunkt nT hin.

Die Symbole F und G bezeichnen Spaltenvektoren aus gewöhnlichen Schaltfunktionen.

Glieder dieser Art nennt man endliche Automaten. Alle Teileinrichtungen von Rechenautomaten sind endliche Automaten in diesem Sinne. Zur Realisierung solcher Glieder benötigt man außer den logischen Grundfunktionen noch sog. Trigger. Das liegt daran, daß wegen des gleichzeitigen Auftretens von n und $n - 1$ in der Beschreibung die Notwendigkeit einer Speicherung von Werten binärer Glieder entsteht. Man benötigt also Speicherglieder mit dem Übertragungsverhalten

$$x^n = y^{n-1}$$

Das ist nichts anderes als ein Totzeitglied mit der Totzeit gleich einer Tastperiode T, wobei man die obige Gleichung ruhig als eindimensionale Beziehung auffassen kann.

Bild 30 zeigt schematisch das Blockschaltbild eines beliebigen endlichen Automaten.

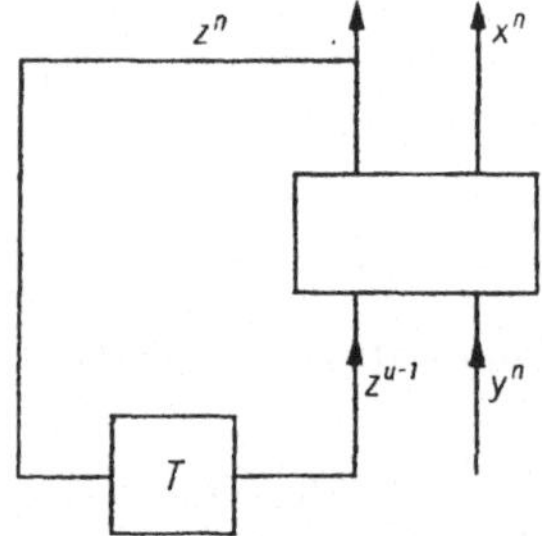

Bild 30
Blockbild eines allgemeinen endlichen Automaten

Als Speichertrigger zur Realisierung des Eintakttotzeitverhaltens kann ein beliebiges technisches System verwendet werden, das in der Lage ist, zwei stabile Zustände anzunehmen, die durch Steuerung von außen umschaltbar sein müssen.

Bild 31 zeigt einen pneumatischen Speichertrigger, ein sog. Wandstrahlelement. Wenn ein Luftstrahl aus der Eingangsdüse in den Raum des Elements eintritt, so kommt es bei der geringsten Unsymmetrie der Lage des Strahls in bezug auf eine der beiden Wände aus hydrodynamischen

50

Gründen zu einem Unterdruck in dem Bereich zwischen Wand und Strahl, wo der Strahl die kleinere Entfernung hat. Es tritt daraufhin der sog. Coanda-Effekt auf. Der Strahl nähert sich der Wand bis zur Berührung, es bildet sich ein Unterdruckraum zwischen Strahl und Wand, wodurch der Strahl sich stabil an die Wand anlegt. Durch einen Steuerstrahl kann von außen dafür gesorgt werden, daß der Strahl sich von der einen Wand löst und sich auf der anderen Seite an die Wand anlegt. Durch einen Steuerstrahl an dieser Wand kann ein Rückschalten des Strahls herbeigeführt werden. Der Strahl hat also in dem Element zwei steuerbare mögliche stabile Lagen, die zur Informationsspeicherung verwendet werden können. Wird dafür gesorgt, daß frühestens beim nächsten Takt die Informationen wieder abgefragt werden kann, so ist damit ein Eintaktverzögerungsglied realisiert. Die Arbeitsweise solcher sequentiellen Einrichtungen wird durch Taktimpulsfolgen im zeitlichen Abstand T zwischen je zwei Impulsen synchronisiert.

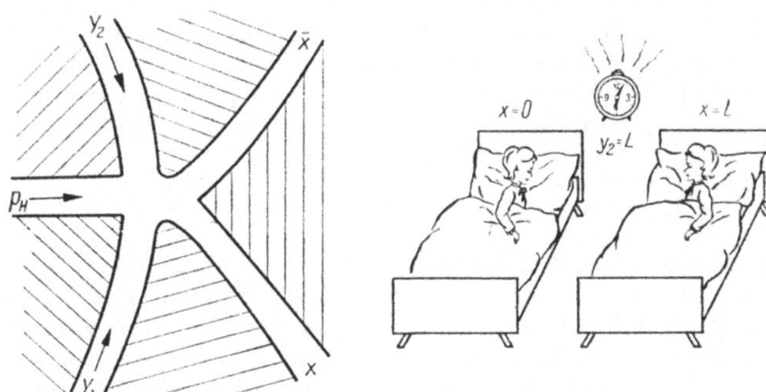

Bild 31. Wandstrahlelement

Als Beispiel für einen endlichen Automaten betrachten wir eine sequentiell arbeitende Einrichtung, die die Addition zweier Dualzahlen realisiert.

Eine Dualzahl ist die Zifferndarstellung einer ganzen positiven Zahl in der Schreibweise als Summe von Potenzen der Zahl 2. Die Zahl 37 stellt sich dabei wie folgt dar

$$37 = 1.2^5 + 0.2^4 + 0.2^3 + 1.2^2 + 0.2^1 + 1.2^0 = 100\,101$$

Zwei Dualzahlen werden genau nach den gleichen Regeln addiert, wie wir dies von den Dezimalzahlen her gewohnt sind, nur daß jetzt schon ein Übertrag zur nächsthöheren Potenz zu berücksichtigen ist, wenn die Ziffernsumme den Wert 2 erreicht.

So wird z. B. die Addition der beiden Dualzahlen zu 37 und 53 wie folgt abgearbeitet

$$
\begin{aligned}
37 &= 10\,0101 \\
+\,53 &= +11\,0101 \\
\hline
90 &= 101\,1010
\end{aligned}
$$

Die Ziffernaddition zweier zusammengehöriger Ziffern beider Zahlen unter Berücksichtigung des Übertrags z ist nach folgender Tabelle durchzuführen

y_1	y_2	z	x	z'
0	0	0	0	0
0	1	0	1	0
1	0	0	1	0
1	1	0	0	1
0	0	1	1	0
0	1	1	0	1
1	0	1	0	1
1	1	1	1	1

Wir können dabei die Größen y_1, y_2 als Eingangsgrößen eines binären Gliedes mit der Zustandsvariablen z ansehen, wenn wir dafür sorgen, daß der Reihe nach im Takt der Abarbeitung die Ziffern nach wachsenden Zweierpotenzen einlaufen, wenn wir also in obiger Tabelle wie folgt umbenennen:

$$y_i = y_i^n \quad i = 1,2 \quad z = z^{n-1} \quad x = x^n, \quad z' = z^n$$

Dann gibt uns ein solcher endlicher Automat bei jedem Takt die entsprechende Ziffernsumme unter Berücksichtigung des Übertrags aus und geht dabei in den neuen Zustand entsprechend dem bei der nächsten Ziffernaddition zu berücksichtigenden Übertrag über. Aus der obigen Tabellenbeschreibung kann man sofort die formelmäßige Beschreibung entnehmen, etwa über die vollständige disjunktive Normalform bei nachfolgender Vereinfachung.

Man erhält hierfür

$$x^n = (y_1^n\,\bar{y}_2^n \vee \bar{y}_1^n\,y_2^n)\,\overline{z^{n-1}} \vee (\overline{y_1^n\,\bar{y}_2^n \vee \bar{y}_1^n\,y_2^n})\,z^{n-1}$$

$$z^n = y_1^n\,y_2^n \vee z^{n-1}\,(y_1^n \vee y_2^n)$$

5.4. Statische Glieder

Von einem statischen Glied spricht man dann, wenn konstanten Werten seiner Eingangsgrößen y_i^0 nach einer gewissen vernachlässigbaren Übergangszeit wieder konstante Werte x_j^0 der Ausgangsgrößen zugeordnet sind.

Das Übertragungsverhalten solcher Glieder ist also vollkommen durch die Angabe von Funktionen in mehreren Veränderlichen beschrieben

$$x_i^0 = f_i\,(y_1^0, y_2^0, \ldots, y_k^0) \qquad i = 1, 2, \ldots, 1$$

Hat das Glied nur eine Eingangsgröße y und nur eine Ausgangsgröße x. so läßt sich das Übertragungsverhalten durch Angabe einer Funktion $x = f\,(y)$ einer Veränderlichen darstellen, die zugehörige graphische Darstellung nennt man die statische Kennlinie des Gliedes.

Statische binäre Glieder, die allein durch Angabe einer Anzahl von Schaltfunktionen beschrieben werden, sind statische Glieder in diesem Sinne,
bei denen unabhängige und abhängige Variable jeweils nur die beiden
Werte 0 und 1 annehmen können.

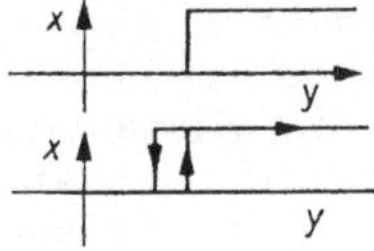

Bild 32
Zweipunkt-Glied mit und ohne
Hysterese

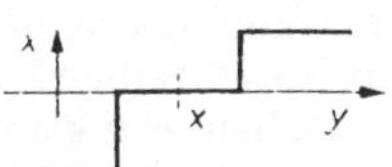

Bild 33
Zweipunkt-Glied mit Unempfindlich-
keitszone

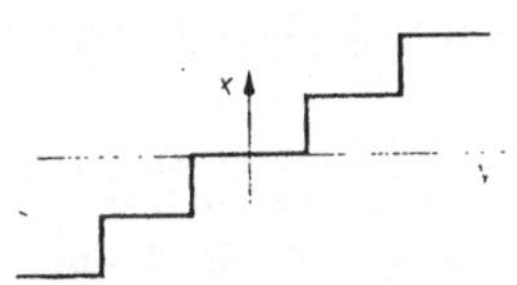

Bild 34
Fünfpunkt-Glied

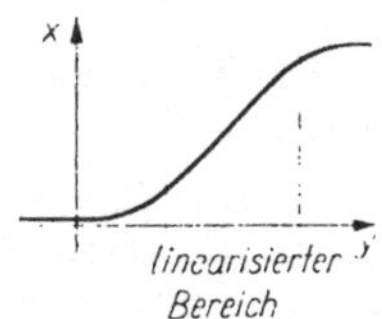

Bild 35
Statische Kennlinie eines linearisierten
Gliedes

In der Automatisierungstechnik spielen die sog. statischen Mehrpunkt-
glieder eine wichtige Rolle. Diese haben einen analogen Eingang und
können am Ausgang endlich viele verschiedene diskrete Zustände annehmen. Sie finden mannigfachste Anwendung als Schalter. Bild 32 zeigt
nebeneinander Zweipunkt-Glied (Relais-Charakteristik) mit und ohne
Hysterese. Bild 33 zeigt ein Zweipunktglied mit Unempfindlichkeitszone,
das genaugenommen bereits als Dreipunktglied anzusehen ist. Bild 34
zeigt ein Fünfpunktglied; die beiden äußeren Zustände spielen häufig die
Rolle von Warnsignal auslösenden Zuständen.

Bei linearen Gliedern sind die statischen Kennlinien Geraden.

Statisches Verhalten interessiert in der Praxis auch bei Gliedern, bei
denen die Dauer von Übergangsprozessen nicht vernachlässigbar ist, zur
Beschreibung des Grenzverhaltens nach Beendigung der Übergangs-
prozesse. Häufig gelingt bei komplizierten Systemen die Angabe des statischen Verhaltens, während eine mathematische Erfassung der Dynamik
mitunter nicht möglich ist. Auf solche Fälle stößt man z. B. im Produktionsprozeß. Als Eingangsgrößen sind z. B. die Gesamtaufwendungen an
Material, an Arbeitszeit bzw. Lohnkosten, Energie anzusehen und als
Ausgangsgrößen Kenngrößen, die die Ergebnisse des Produktionsprozesses
bewerten, wie z. B. erwirtschafteter Gewinn, Zahl der Produkte hoher
Qualität, Zahl und zu erwartender Gewinn aus Neuerungsvorschlägen,
Automatisierungsgrad der Produktion, Maschinenausnutzungskoeffi-
zienten usw.

Häufig kann man sich derartige Beziehungen nur mit den Hilfsmitteln
der statistischen Datenverarbeitung verschaffen. So hängt z. B. der Ertrag
je Flächeneinheit in der Landwirtschaft für ein bestimmtes Produkt von
einer ganzen Reihe von Faktoren ab, wie Bodenqualität, Bewässerung,
Bestrahlung, Düngerart und -menge. Durch Anlage gezielter Feldversuche
kann man viele Informationen über diese statistische Abhängigkeit ermitteln. Der Übergangsprozeß, in diesem Fall charakterisiert durch den
Wachstumsprozeß bis zur Ernte, wird aus der Betrachtung ausgeklam-
mert. Man wählt zur Beschreibung der Gesetzmäßigkeit eine Klasse von
möglichen mathematischen Funktionen, von denen jede durch eine Anzahl von Parametern festgelegt werden kann. Innerhalb dieser Klasse
von Funktionen $f(y_1, y_2, \ldots, y_k, a_1, a_2, \ldots, a_m)$ sucht man eine solche
heraus, die den ermittelten Informationen am besten angepaßt ist. In
erster Näherung versucht man es dabei mit linearen Modellen

$$x = a_0 + a_1 y_1 + a_2 y_2 + \ldots + a_k y_k$$

Bedingtreflektorische Erscheinungen lassen sich ganz grob folgendermaßen charakterisieren:

Wenn man zwei Reize A und B, von denen jeder im Organismus zu einer
bestimmten unbedingten Reaktion A' und B' führt, hinreichend oft gekoppelt einwirken läßt, so wird beobachtet, daß dann der Reiz A auch
Signalbedeutung für den Reflex B' und der Reiz B Signalbedeutung für
den Reflex A' erhält.

Es genügt dann den Reiz A zu geben, um mit einer gewissen Erfolgsquote
den Reflex B' auszulösen.

Im Zuge der Ausarbeitung kann man die jeweilige Erfolgsquote über der
Zahl der Bekräftigungen, d. h. der Kopplungen beider Reize, auftragen.
Man erhält so eine Abhängigkeit, die noch zufällig von der gewählten
Versuchsperson und -situation abhängig ist. Mittelt man über viele der-
artige Verläufe für die Kopplung $A \wedge B'$ unter konstanten Bedingungen,
so erhält man eine statische Abhängigkeit von etwa der Form, wie im
Bild 36 gezeigt. Diese statische Kennlinie beschreibt angenähert die Zu-
nahme der Erfolgsquote in der Ausarbeitungsphase.

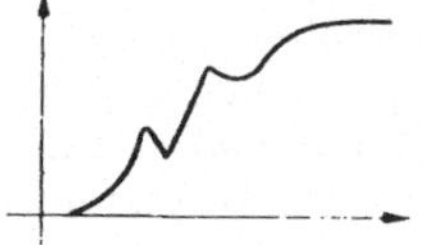

Bild 36
Statische Kennlinie des Ausarbeitungsprozesses
bedingter Reflexe

5.5. Die black-box-Methode in der Kybernetik

Bei den bisherigen Betrachtungen zum Übertragungsverhalten von Gliedern haben wir auf das Innenleben der betreffenden Systeme nicht ge-
achtet. Wesentliche Größen waren lediglich die Eingangsgrößen y_1, y_2,
$\ldots$, y_k und die Ausgangsgrößen x_1, x_2, $\ldots$, x_l. Die dynamischen und
statischen Eigenschaften des Systems fanden ihren Ausdruck in bestimmten

mathematischen Relationen zwischen den zeitlichen Verläufen der angegebenen Größen. Es erhebt sich die Frage, wieviel man über ein System erfahren kann, wenn man nur sein äußeres Verhalten untersucht, d. h. Zeitverläufe der Größen y_i und x_j verfolgt, die die Wechselwirkung zwischen dem System und seiner Umgebung erfassen. Zeitweilig wurde die Meinung vertreten, daß bei Erfassung genügend viel derartiger Größen auch die inneren Eigenschaften eines Systems beliebig genau erforscht werden könnten. Man stellte sich dabei folgenden Weg vor: Im Besitz hinreichender Informationen über die Beziehungen zwischen den wesentlichen Größen könnte man versuchen, Modelle aus geeigneten Bauelementen aufzubauen, die gleiches Verhalten zeigen. Indem man durch Hinzunahme weiterer wesentlicher Größen und entsprechender Verallgemeinerung der Beziehungen zwischen ihnen das Modell ständig verbessert, sollte sich dessen innere Struktur auch allmählich der Originalstruktur des untersuchten Systems anpassen. Es hat sich jedoch gezeigt, daß auf diesem Wege das gestellte Ziel nicht erreicht werden kann. Erstens stößt der Versuch, einen solchen Weg konsequent zu verfolgen, auf große Aufwandsschwierigkeiten; zweitens ist, wie schon Betrachtungen an linearen Systemen zeigen, gar nicht zu erwarten, daß die erhoffte Strukturanpassung zwischen Modell und Original wirklich zustande kommt, sondern es gibt stets eine riesige Zahl in ihrer Struktur wesentlich verschiedener Systeme, die gleiches äußeres Verhalten zwischen den wesentlichen Größen zeigen.

Trotzdem kommt solchen Untersuchungsmethoden eine große Bedeutung vor allem für die Praxis zu, weil man durch die Verhaltensmodellierung die Möglichkeit hat, an den Systemmodellen bestimmte Korrektureinrichtungen auszuprobieren, die sich später auch in der Praxis als geeignet erweisen. Das gilt insbesondere für die Modellierung von Systemen auf Analog-Rechnern.

Wir müssen also folgende Fakten konstatieren:

1. Es gibt eine große Zahl in ihrer Struktur wesentlich verschiedener Systeme, die gleiches äußeres Verhalten zeigen und sich in ihrer Funktion deshalb gegenseitig ersetzen können. Da die Funktion sich auf bestimmte mathematische Beziehungen zwischen dimensionslosen Größen bezieht, bedeutet die konkrete Ersetzung, die man Modellierung nennt, daß gewisse Meßgrößenumformer erforderlich werden, um in den Schaltungen die als Modelle verwendeten Systeme richtig an die übrigen Systeme der Schaltung anzupassen. Auf die mit der Verhaltensmodellierung zusammenhängenden Fragen wird im nächsten Abschnitt näher eingegangen.

2. Die black-box-Methode erlaubt keinen Einblick in das Innere der untersuchten Systeme, d. h. durch Messungen, die sich allein auf die Größen beziehen und über die das System mit der Umgebung wechselwirkt, erhalten wir zwar indirekt Informationen über innere Vorgänge, jedoch reichen diese im allgemeinen nicht aus, um die zur Erklärung der Funktion wesentliche Struktur aufzudecken. Die Struktur ist gekennzeichnet durch das Vorhandensein von Teilsystemen, die über

innere Größen miteinander gekoppelt sind. Die Zahl und Verteilung
der inneren Größen kann trotz gleichen äußeren Verhaltens eines
Systems grundverschieden sein.

3. Werden Strukturinformationen zum Zwecke der Erklärung der Gesamtfunktion erforderlich, so können diese in ausreichendem Umfang
nur dadurch erhalten werden, daß man das System in seine wesentlichen Teilsysteme zerlegt und diese getrennt untersucht, um aus dem
black-box-Verhalten der Teilsysteme und ihrer Zusammenschaltung
auf die Gesamtfunktion zu schließen. Häufig ist ein solches anatomisches
Vorgehen jedoch nicht zulässig, wenn nämlich das herausgelöste Teil-
system sich isoliert anders verhält, als in seiner natürlichen Umgebung.
Die bessere Möglichkeit besteht darin, sich durch Anbringen von Meß-
stellen im Systeminneren, die die Systemfunktion nicht beeinträch-
tigen dürfen, Aufschluß über die dynamischen Vorgänge im Inneren
des Systems zu verschaffen.

Diese Tatsachen werden in den Naturwissenschaften häufig nicht genügend berücksichtigt. So bemüht man sich schon lange Zeit aus Messungen
von Gehirnpotentialen (EEG) beim Einwirken von optischen, akustischen
Reizen usw. möglichst genaue Informationen über die höhere Nerven-
tätigkeit zu erhalten. Es ist klar, daß bei der Kompliziertheit des menschlichen Gehirns, auf diesem Wege wesentliche Ergebnisse größeren Umfangs nicht erhalten werden können. Man hat diese Schwierigkeiten natürlich erkannt und ist bestrebt, durch Erfassung innerer Meßgrößen ge-
nauere Aufschlüsse zu erhalten. Das gelingt allerdings nur in beschränktem
Umfang durch Anwendung der Methoden der Einzelneuronenableitung,
d. h. durch Einführung von Elektroden in das Gehirn von Versuchstieren
und Messung von Reiz-Reaktionsbeziehungen, Erscheinungen bei der Ausarbeitung von bedingten Reflexen usw. unmittelbar „vor Ort". Allerdings
erheben sich hier die Fragen, wie weitreichend Erkenntnisse, die auf
diesem Wege ganz lokal erhalten wurden, verallgemeinert werden dürfen;
man denke an die Unzahl vorhandener Neuronen, ob ein gezieltes Elek-
trodeneinsetzen überhaupt möglich ist und in welcher Weise der normale
Ablauf der Gehirnprozesse durch den Eingriff, der gewiß mit lokalen
Verletzungen verbunden ist, gestört wird.
Die genannten Schwierigkeiten treten allgemein bei biologischen Systemen
auf, weil man hier im allgemeinen nicht die Möglichkeit hat, aus einer
biologischen Struktur Teilsysteme herauszulösen und diese getrennt zu
untersuchen. Wenn das schon möglich ist, wie z. B. bei künstlich ernährten
Organen, so ist ihr Verhalten vom Verhalten in der natürlichen Umgebung wesentlich verschieden. Man muß sich wahrscheinlich bei biologischen
Systemen mit einer Verhaltensbeschreibung begnügen.
Das einzige sinnvolle Ziel von black-box-Untersuchungen kann somit
lediglich sein, aus gemessenen Verläufen synchron durchgeführt für alle
wesentlichen Koppelgrößen des Systems mit der Umgebung, eine eindeutige Beschreibung des Systemverhaltens zu finden. Bei der Lösung
dieser Aufgabe treten folgende Probleme auf:

Die gemessenen Verläufe der wesentlichen Größen sollten möglichst ver-
läßlich sein, d. h., der Zufallseinfluß der vernachlässigten Größen sollte
gering sein. Eine Elimination des Zufallseinflusses ist teilweise möglich,

falls man die Redundanz der gemessenen Information ausnutzen kann,
d. h., wenn gleiche Informationselemente mehrfach auftreten. Zur Beschreibung des Verhaltens muß man bestimmte Modellannahmen machen.
Man muß eine Klasse möglicher Verhaltensweisen wählen, z. B. durch
Differentialgleichungen mit konstanten Parametern oder durch statische
lineare oder nichtlineare Modelle usw. Durch ein deterministisches oder
besser statistisches Datenverarbeitungsverfahren muß man unbekannte
Parameter schätzen, um aus der gewählten Klasse von Verhaltensweisen
einen möglichst geeigneten Repräsentanten auszuwählen, dabei hängt die
Beurteilungsgüte auch von willkürlichen Festsetzungen ab.
Eine exakte Erfüllung irgendwelcher angenommener Beziehungen ist nie
zu erwarten, so daß jedes Verhaltensmodell nur eine Näherung an das
wirklich vorhandene äußere Verhalten des untersuchten Systems darstellt.
Besonders fraglich wird diese Form der Bestimmung der Verhaltensweise,
wenn das System sein Verhalten zeitlich oder in Abhängigkeit von der
Vergangenheit der Signale ändert. Hier könnte man zusätzliche Annahmen
über die zeitliche Änderung des Verhaltens und über die Abhängigkeit
von der Vergangenheit in das Modell hineinstecken, jedoch fehlt bei rascher
Veränderlichkeit des Verhaltens die für die statistische Datenverarbeitung
erforderliche Redundanz der Information, weil bei solchen Systemen
Wiederholungen von Signalen bei ungeänderten Bedingungen nicht möglich sind, so daß eine verläßliche Kenndatenbestimmung des Modells in
Frage gestellt ist.

6. Modellbeschreibung von Systemen — Zustandsbegriff

Wir bemerkten schon mehrmals, daß konstantes, d. h. von nichts abhängiges Verhalten von Systemen nur ein ausgezeichneter Sonderfall ist,
der eine gewisse Näherung an die Wirklichkeit darstellt. Es ist klar, daß
jedes System, betrachtet man es nur genügend lange Zeit, Verhaltensveränderungen zeigen muß; denn die objektive Realität ist in allen Erscheinungen in ständiger Veränderung begriffen.
Alles fließt. — Diese Flucht der Erscheinungen betrifft natürlich nicht
nur die Signalgrößen, sondern letzter Zweck von Signalen ist letztlich
das Verhalten gewisser Systeme zu ändern. Alle Systeme zeigen Abnutzungs- und Alterungserscheinungen, die mit einer Änderung der Beziehungen zwischen den wesentlichen Größen verbunden sind. Zu einer vollständigeren Modellbeschreibung von Systemen gehört die Berücksichtigung der Eigenveränderlichkeit der Systeme. Diese Problematik sollte
man zunächst rein vom Standpunkt der Erkenntnistheorie aus beurteilen,
weniger vom Standpunkt der damit verbundenen Problematik der Kenndatenbestimmung. Wesentliches Hilfsmittel zur Erfassung des vollen
Systemverhaltens ist der sog. Zustandsbegriff.

6.1. Zustandsbeschreibung von Übertragungsgliedern

Der Zustandsbeschreibung von Systemen liegt eigentlich die Grundvorstellung des klassischen, d. h. mechanischen Determinismus zugrunde.
Nach dieser Vorstellung legt die Kenntnis des momentanen Zustandes der

Welt und des Verlaufs der Kräfte, die in Zukunft wirksam werden, eindeutig alle Erscheinungen der Zukunft fest. Wir hüten uns heutzutage, derartige Vorstellungen auf die gesamte objektive Realität auszudehnen, jedoch können sie in Anwendung auf Systeme recht nützlich sein. Dazu ist es nötig, den Begriff des Zustandes eines Systems zu präzisieren.

> Unter dem Zustand eines Systems zu einem bestimmten Zeitpunkt versteht man eine Minimalzahl von Angaben über das System, deren Kenntnis zusammen mit den einwirkenden Kräften eindeutig das zukünftige Geschehen des isolierten Systems beschreiben.

Die gesamte Umgebung wird hier durch ihre zeitlichen Einwirkungen über Kräfte im allgemeinen Sinne ersetzt.

Selbstverständlich ist diese Vorstellung nur in bestimmter Hinsicht nützlich, muß man dazu doch den zukünftigen Verlauf der Einwirkungen kennen, um das spätere Systemverhalten vorhersagen zu können. Das ist normalerweise nur dann der Fall, wenn man von den zufälligen Einwirkungen weitgehend absehen kann und man in der Lage ist, den zukünftigen Verlauf der Einflüsse selbst vorzugeben. Die allgemeine Arbeitsweise solcher Systeme, die einer Zustandsbeschreibung zugänglich sind, läßt sich wie folgt charakterisieren:

1. Das black-box-Verhalten, d. h. das Ursache-Wirkungsverhalten solcher Systeme, wird vom Zustand abhängig sein

$$x\,(t) = F\,(y\,(t),\, z\,(t))$$

   Hierin bedeute $x\,(t)$ die vektorielle Zusammenfassung der Gesamtheit von Ausgangsgrößen, $y\,(t)$ den Vektor der Eingangsgrößen und $z\,(t)$ einen Vektor aus der geforderten Minimalzahl von Zustandsgrößen.
   Der Operator F muß kausal sein, d. h., er darf nur von Werten der Eingabe $y\,(t)$ zu Zeitpunkten $t' \leq t$ und auch nur von Zuständen $z\,(t)$ mit $t' < t$ abhängen, die der Vergangenheit angehören. Bei festgehaltenem Zustand, falls dies überhaupt möglich ist, erhalten wir ein Übertragungsverhalten eines Gliedes im üblichen Sinne

2. Der Zustand $z\,(t)$ des Systems wird im allgemeinen selbst von den wirkenden Ursachen abhängig sein, d. h., er berechnet sich ebenfalls aus den Eingaben und Zuständen zu früheren Zeitpunkten

$$z\,(t) = G\,(y\,(t),\, z\,(t))$$

   mit einem Operator G

3. Der Grundvorstellung des mechanischen Determinismus entsprechend werden normalerweise die Operatoren F und G wohldeterminierte Algorithmen sein, wobei eine evtl. noch vorhandene explizite Zeitabhängigkeit mit in diese Operatoren einbezogen sei. Wollen wir eine solche Zeittendenz explizit zum Ausdruck bringen, so deuten wir dies an durch F_t bzw. G_t. Nach dieser Beschreibung ist also aus der Kenntnis der Eingabevergangenheit und der früheren Zustände einschließlich ihrer gegenwärtigen Werte die Zukunft eindeutig bestimmt. Eventuell vorhandene steuerbare Einflußgrößen denken wir uns selbstverständlich

mit in die Gesamtheit der Eingangsgrößen einbezogen. Diese Zustandsbeschreibung von Systemen ist einigermaßen zutreffend, wenn die Zufallseinflüsse auf das System vernachlässigt werden können, was sicher nur bei Betrachtung hinreichend kleiner Zeitintervalle möglich sein wird. Die Zufallseinflüsse äußern sich nicht einfach darin, daß die Ausgabewerte $x(t)$ bei bekannten Ursachen zufallsabhängig werden, sondern, was viel schlimmer ist, daß der neue Zustand des Systems nicht mehr eindeutig vorhersagbar ist, sondern ebenfalls in zufälliger Weise von den Eingangsdaten und den früheren Zuständen abhängig ist. Wir kommen zu den stochastisch determinierten Systemen, wenn die statistischen Gesetzmäßigkeiten der Zustandsüberführung angegeben werden können. Nunmehr können für die Entwicklung späterer Zustände eines Systems nur noch Wahrscheinlichkeitsaussagen gemacht werden. Dieses Modell kommt der Wirklichkeit schon wesentlich näher als das Modell des absoluten Determinismus. Diese stochastischen Zustandsbeschreibungen von Systemen spielen eine große Rolle bei der Untersuchung des Lernverhaltens von künstlichen und natürlichen Systemen. In diesem Zusammenhang sei auf die umfangreiche Literatur über Markoffsche Ketten hingewiesen

4. Wesentlich insbesondere für alle Fragen, die mit der diskontinuierlichen Informationsverarbeitung zusammenhängen, ist die Spezialisierung der Systembetrachtung auf diskrete Zeitpunkte, die eine Taktfolge bilden $t = t_i$.

In diesem Fall nehmen die beschreibenden Gleichungen folgende Form an

$$x(t_i) = F(y(t_j), z(t_r)) \qquad t_j \leqq t_i, \qquad t_r \leqq t_i$$
$$z(t_i) = G(y(t_j), z(t_r))$$

Hängen insbesondere $y(t_i)$ und $z(t_i)$ nur von endlich vielen Werten, von Ursachen und Zuständen der Vergangenheit ab, was näherungsweise in den meisten Fällen gilt, so sprechen wir von einem diskontinuierlichen sequentiellen System mit endlichem Gedächtnis.

Durch passende Definition von Zustandsgrößen läßt sich ein solches System stets auf folgende normierte Form bringen

$$x(t_i) = F'(y(t_i), z(t_{i-1}))$$
$$z(t_i) = G'(y(t_i), z(t_{i-1}))$$

Hierin sind F' und G' die nach der Substitution auftretenden Operatoren und die neuen Zustandsvektoren seien wie vorher wieder mit $z(t)$ bezeichnet.

Diese Beschreibung ist besonders einfach verständlich. Hiernach legt der letzte Zustand des Systems zusammen mit den gegenwärtig wirkenden Ursachen den nächsten Zustand und die aktuellen Ausgabewerte fest.

Die richtige Vereinbarung von Zustandsgrößen ist ein schwieriges Problem, weil in ihre Definition die Zukunft als Bedingung eingeht. Dadurch entsteht ein Moment der Unbestimmtheit. Es können keine generellen Vorschriften für die Festlegung von Zustandsvariablen angegeben werden.

Das richtet sich ganz nach der konkreten Aufgabenstellung. Aus diesem
Grund ist häufig die Zustandsfixierung auch nur unvollständig möglich
und muß gegebenenfalls im Laufe der Betrachtung verändert werden.

Bei Bearbeitungsprozessen im Maschinenbau, z. B. mit Drehmaschinen,
Fräsmaschinen, Bohrmaschinen usw., wird das Werkzeug in eine bestimmte geometrische Lage zum zu bearbeitenden Werkstück gebracht. Die
Maschine wird eingerichtet. Das bedeutet, sie wird in einen für die Bearbeitung wesentlichen Anfangszustand gebracht. Eingangsgrößen sind
die zur Bearbeitung erforderlichen Bewegungen, wie Spindelrotation,
Bohrerandruck, Kühlmittelzuführung usw. Ausgangsgrößen sind die Parameter des Werkstücks. In Abhängigkeit von den erreichten Parametern
kann es zur Veränderung des Maschinenzustandes kommen. Wenn z. B.
die Parameter bestimmte Sollwerte erreichen, so bedeutet dies in der
Regel die Beendigung eines Teilarbeitsabschnittes. Nun muß die Maschine
für die Ausführung des nächsten Arbeitsganges neu eingerichtet werden.
Ihr Zustand ändert sich in Abhängigkeit von der Zeit oder den Werten
der wesentlichen Größen. Bei Kopier- und Nachformeinrichtungen kommt
es schablonengesteuert zu einer ständigen Veränderung des Maschinenzustandes. Mitunter ist es lediglich eine Frage der Vereinbarung, ob man
eine gegebene Größe als Zustandsgröße oder als Ausgangsgröße ansieht:
diese Unterscheidung ist nur bedingt möglich. Man kann sagen, daß Zustandsgrößen alle Größen sind, die von wesentlicher Bedeutung für die
Verhaltensbeschreibung sind. Werden einige der Zustandsgrößen von
außen zugänglich, so behandelt man sie als Ausgangsgrößen. Darüber
hinaus kann es noch weitere Ausgangsgrößen geben, die auch von Zustandsgrößen abhängig sind, die man nicht unmittelbar messen kann.

Je komplizierter ein System ist, um so mehr Zustände sind zu seiner
Beschreibung erforderlich. Deshalb ist es auch so problematisch, z. B.
den Zustand eines Patienten zu beschreiben. Die Medizin kommt um
derartige Zustandsbeschreibungen nicht herum, weil sie Kenngrößen
braucht, um einen Menschen als gesund zu bezeichnen, weil sie Angaben
braucht, um eine Diagnose über das Vorliegen einer bestimmten Erkrankung stellen zu können. Es kann jedoch niemand behaupten, daß die
üblicherweise von der inneren Medizin erfaßten Zustandsgrößen, wie Blutdruck, Herzfrequenz, Körpertemperatur, Erythrozytenzahl, Leukozyten-
zahl, Stickstoffgehalt im Urin, Säure-Konzentration im Magensaft, Kenngrößen in Abläufen wie EEG und EKG, den Zustand des Menschen vollständig charakterisieren. Bei der Diagnose und der Verfolgung des Ge-
sundungsprozesses beschränkt man sich auf einen Zustandsvektor von
möglichst geringem Umfang, der außer stets kontrollierten Komponenten
des Allgemeinbefindens besonders die Komponenten enthält, die aufgrund
der Befunde krankhafte Abweichungen gegenüber den „Normalwerten"
zeigen. Der Gesundungsprozeß ist ein Beispiel für eine teilweise gesteuerte.
teilweise stochastische Zustandstransformation. Die Tendenz der Zustandsfolge kann durch die Behandlung beeinflußt werden, jedoch ist
die konkrete Zustandsfolge zufällig, weil sie von vielen nicht erfaßbaren
Faktoren abhängig ist.
Besonders übersichtliche Beispiele für die Zustandsbeschreibung von Systemen liefern die sog. endlichen Automaten, die wir schon bei der Be-
sprechung der binären Glieder in 5.3. eingehend beschrieben haben. Hier

wird der Zustand durch die Belegung einer Anzahl von binären Größen
mit Werten 0 oder 1 festgelegt. Diese binären Größen bilden einen Zustandsvektor. Dieser legt fest, welche Art von Schaltfunktionen den Zusammenhang zwischen Ursache und Wirkung vermitteln sollen. In Abhängigkeit von diesem Zustand und den konkreten von der Eingabe in
das Glied eintretenden Belegungen der Eingangsgrößen ändert sich der
Zustand des Systems in wohldefinierter Weise. Ein Beispiel dieser Art
war die in besprochener Addition ganzzahliger nichtnegativer Dualzahlen
mit dem aktuellen Übertrag bei jedem Takt als einzige binäre Zustands-
variable.

Ein ebenfalls ungeheuer kompliziertes System ist die Volkswirtschaft eines
Landes. Man spricht in diesem Zusammenhang auch vom Entwicklungs-
zustand, dabei hat man ebenfalls bestimmte Kennzeichen im Auge, deren
Werte Aufschluß über den jeweiligen Stand der Wirtschaft geben. Diese
Zahlen stellen die Komponenten des Zustandsvektors dar. Man kann hier
von einem diskontinuierlichen System sprechen, weil man sich immer
nach bestimmten Zeiträumen neue Kenntnis über die Werte der Kennziffern verschafft, etwa nach Ablauf eines Quartals oder eines Planjahres.

Solche Kennziffern sind z. B. Planerfüllung in Schwerpunktbereichen, Ge-
winnaufkommen getrennt nach Mark und Devisen, Investitionen getrennt
nach Wirtschaftszweigen, Automatisierungsgrad, Produktivität, Produk-
tivitätssteigerung aufgrund des Einsatzes von moderner Rechentechnik,
erwirtschafteter Gewinn aufgrund von Neuerervorschlägen usw. Jeder
auch noch so umfangreiche Zustandsvektor kann nur einen relativ groben
Einblick in das komplizierte System der Wirtschaft geben. Und doch ist
man gezwungen, aus diesen zusammengefaßten Informationen Gesamt-
einschätzungen, Entwicklungstendenzen und vor allem Entscheidungen
über die Mittelverwendung im nächsten Planabschnitt, über Strukturänderungen, über Arbeitskräfteeinsatz, Schlußfolgerungen für den An-
lagenbau, für den Wohnungsbau usw. abzuleiten. Systeme mit unvoll-
ständiger Information gewinnen auch in der Technik selbst wachsende
Bedeutung, weil bei der Führung komplizierter Produktionsprozesse, wie
bei der Energieerzeugung, der chemischen Verfahrenstechnik, der Erdölverarbeitung usw., solche hochkomplexen Systeme zu betrachten sind,
daß man einfach die Tatsache der unvollständigen Information in Kauf
nehmen und doch bestrebt sein muß, das bestmögliche an Effektivität
unter Beachtung der Sicherheit herauszuholen.

7. Autonome und gesteuerte Systeme

Autonomie und Steuerung sind auch zwei Begriffe, die einen dialektischen
Gegensatz bilden. Ein System heißt *autonom*, wenn es in seinem Verhalten
von jeglicher Beeinflussung durch die Umgebung unabhängig ist. Das ist
strenggenommen nie möglich, da kein konkretes System vollständig gegenüber äußeren Einwirkungen isoliert werden kann. Ein System wird vollständig *gesteuert*, wenn es völlig passiv ist, wenn sein gesamtes Verhalten
allein durch Beeinflussungen von außen festgelegt ist. Auch dies ist unmöglich, weil kein System Endpunkt einer hierarchischen Einteilung der
objektiven Realität in Systeme und Teilsysteme ist, sondern jedes System

ist nur ein Kettenglied einer Strukturaufteilung, die ins Kleine wie ins Große beliebig weit fortgesetzt werden kann. Darin besteht die effektive Unendlichkeit der Welt. Jedes System muß also auch innere Erscheinungen zeigen, die autonom, d. h. selbsttätig zustande kommen. Dieser dialektische Gegensatz findet in jedem konkreten System seine Lösung. Jedes System zeigt teilweise Momente der Autonomie und teilweise ist es durch Eingriffe von außen steuerbar. Die Autonomieerscheinungen sind wesentlich durch die Zustandsgrößen in ihren Änderungen bei vernachlässigbaren Eingriffen bestimmt. Die Steuerung eines Systems wird beschrieben durch die Abhängigkeit seiner Zustandsgrößen von äußeren Eingriffen.

Das autonome oder vegetative Nervensystem beim Menschen ist verantwortlich für die Festlegung der inneren Zustandsgrößen, die die Tätigkeit der Organe, wie Herz, Lunge, Niere, Leber usw., bestimmen. Das willkürliche Nervensystem ist geeignet, willkürliche, d. h. vom Gehirn durch bewußte Entscheidungen bzw. von außen gesteuerte Aktionen im oder vom Organismus ausführen zu lassen. Die Wirkungswege beider Teile des Nervensystems sind anatomisch getrennt, jedoch können die gleichen Zustandsgrößen von beiden Systemen beeinflußt werden. Organzustandsgrößen können nur nach sog. autogenem Training in gewissem Umfang vom willkürlichen System aus beeinflußt werden.

Die Ursache für autonomes Systemverhalten sind im allgemeinen innere Energiespeicher des Systems, deren Speicherenergie durch die autonomen Prozesse in Bewegungsenergie umgesetzt wird. In der Praxis gibt es hier zwei typische Verhaltensweisen, flüchtiges und periodisches Verhalten. Beim flüchtigen Verhalten entladen sich sukzessive die inneren Energiespeicher, wodurch es zu Ablauf einer bestimmten Zustandsfolge kommt. Letztlich ist aber die Energie so gering geworden, daß gewisse Zustände nicht mehr erreicht werden können; das System strebt einem Grenzzustand zu, der nicht mehr verlassen werden kann. Solches Verhalten zeigen die passiven Systeme der Elektrotechnik oder Mechanik, in denen sich die Energie der Speicher, wie Induktivitäten (magnetische Energie), Kapazität (elektrische potentielle Energie), Massen (Bewegungsenergie), Federn (mechanische potentielle Energie), über die Bewegungsenergie in Reibungswärme verwandelt. Bei organischen Systemen ist solch flüchtiges Verhalten stets mit dem Untergang verbunden, z. B. Hungertod. Periodisches Verhalten ist nur möglich, wenn die Systeme aktive Elemente enthalten, d. h. Quellen für Energie. In der Regel liegen die Energiequellen im Äußeren des Systems, d. h., dem System wird laufend Energie zugeführt. Organische Systeme nehmen Energie durch die Nahrung auf. Mechanischen Systemen und elektrischen Systemen wird Energie in einer der bekannten Energieformen zugeführt. Periodisches Verhalten ist dadurch gekennzeichnet, daß ein und dieselbe Zustandsfolge sich periodisch wiederholt, von geringfügigen durch Zufallseinflüsse hervorgerufenen Abweichungen abgesehen. Wenn man zufällige Steuereinflüsse vernachlässigen kann und ständig in ausreichender Menge von außen Energie zugeführt wird, so ist periodisches Verhalten für autonome Systeme charakteristisch. Dieses Prinzip wird in großem Umfang zur Erzeugung periodischer Bewegungen technisch ausgenutzt, z. B. zur Gewinnung harmonischer Schwingungen in den sog. Oszillatoren.

Bild 37 zeigt elektrische Parallel- und Reihenresonanzkreise zur Erzeugung von Sinussignalen bestimmter Frequenz. Der in den Widerständen auftretende Energieverlust muß ständig durch die Quelle wieder ersetzt werden. Genauso leicht kann man periodische Impulsfolgen erzeugen. Bild 38 zeigt eine Oszillatorschaltung aus einem Wandstrahlelement. Der notwendig auftretende Verlust an Druckenergie muß durch die Speisedruckleitung ständig ersetzt werden.

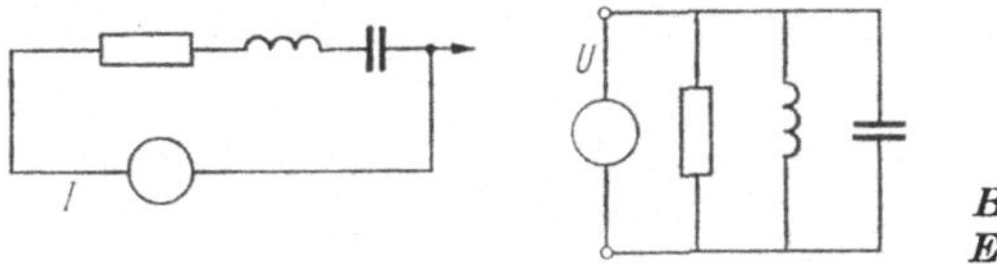

Bild 37
Elektrische Resonanzkreise

Es ist nicht zufällig, daß viele Körpervorgänge, die vom autonomen Nervensystem gesteuert werden, periodisch ablaufen. Bekannt sind die periodischen Arbeitsbewegungen des Herzens und die periodischen Abläufe in den Gehirnpotentialen. Mit den Hilfsmitteln der Korrelationsanalyse hat man in letzter Zeit eine große Vielfalt von Perioden bei Körpergrößen festgestellt: periodische Schwankungen im Blutzuckergehalt, im Sauerstoffverbrauch, der Hautdurchblutung, der Darmtemperatur und periodische Schwankungen der Latenzzeiten bei bedingten Reflexen (Latenzzeit — Zeit zwischen der Anwendung des bedingten Reizes und dem Eintreten der bedingten Reaktion). Merkwürdigerweise bestehen zwischen den festgestellten Periodendauern ganzzahlige Verhältnisse. Das läßt darauf schließen, daß zwischen den verschiedenartigen körpereigenen Rhythmen Koordinationen bestehen. Die häufigsten Bewegungen dieser Art haben Periodendauern von Bruchteilen einer Sekunde bis in den Minutenbereich.

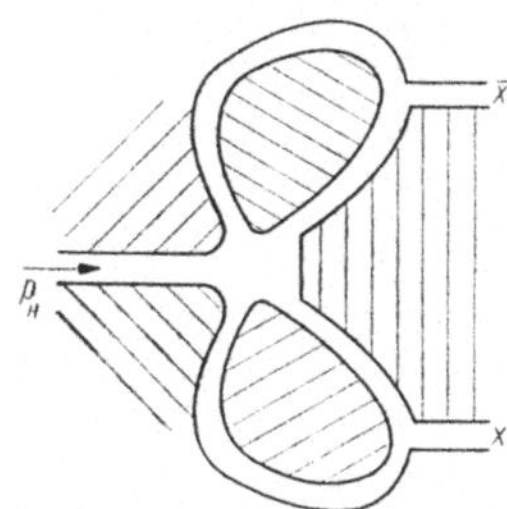

Bild 38. Pneumatische Oszillatorschaltung

Autonome sequentielle Systeme werden zur Erzeugung von periodischen Binärziffernfolgen zur Herstellung sog. Pseudozufallszahlen bzw. zur Steuerung periodischer Arbeitsabläufe benutzt. Für diese Systeme arten die eben allgemein angegebenen beschreibenden Gleichungen in eine reine Zustandstransformation aus

$$z\,(t_i) = G\,(z\,(t_{i-1}))$$

Bei gegebener Anfangsbelegung des Zustandsvektors ist die gesamte Zukunft des Gliedes durch diese Gleichungen eindeutig bestimmt. Wir wollen dies an einem Beispiel studieren. Das betrachtete Glied habe vier Zustandsgrößen. Wir geben in einer Schaltbelegungstabelle jeweils die alte Belegung und die durch die Gleichungen zugeordnete neue Belegung an. Gleichzeitig zeigt Bild 39 16 mögliche Zustandsvektoren und die durch das Glied bewirkte Zustandsüberführung.

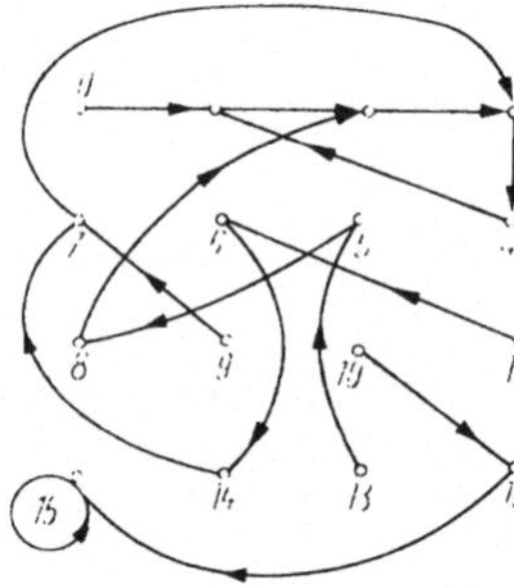

Bild 39

Zustandsüberführung eines autonomen binären Gliedes

z_1	z_2	z_3	z_4	$\tilde{z}_1$	$\tilde{z}_2$	$\tilde{z}_3$	$\tilde{z}_4$
0	0	0	0	0	0	0	1
0	0	0	1	0	0	1	0
0	0	1	0	0	0	1	1
0	0	1	1	0	1	0	0
0	1	0	0	0	0	0	1
0	1	0	1	1	0	0	0
0	1	1	0	1	1	1	0
0	1	1	1	0	0	1	1
1	0	0	0	0	0	1	0
1	0	0	1	0	1	1	1
1	0	1	0	1	1	0	0
1	0	1	1	0	1	1	0
1	1	0	0	1	1	1	1
1	1	0	1	0	1	0	1
1	1	1	0	0	1	1	1
1	1	1	1	1	1	1	1

Offenbar kann man für ein solches Glied die folgenden Gleichungen unmittelbar aus der Tabellenbeschreibung ablesen (mit $y_1 + y_2 = y_1 \bar{y}_2 \vee \bar{y}_1 y_2$)

$$Z_1 \Leftarrow Z_1 \bar{Z}_2 Z_3 \bar{Z}_4 \vee Z_2 (Z_1 + Z_3 + Z_4)$$

$$Z_2 \Leftarrow \bar{Z}_1 Z_3 (Z_2 + Z_4) \vee Z_1 (Z_2 \vee Z_3 \vee Z_4)$$

$$Z_3 \Leftarrow \bar{Z}_1 (Z_2 Z_3 \vee \bar{Z}_2 (Z_3 + Z_4)) \vee Z_1 \bar{Z}_2 \bar{Z}_3 \bar{Z}_4 \vee Z_1 Z_2 Z_3 Z_4$$

$$Z_4 \Leftarrow \overline{Z_1 Z_2 Z_4} \vee \overline{Z_1 Z_2 Z_3} + Z_4 \vee Z_1 \bar{Z}_2 \bar{Z}_3 \bar{Z}_4 \vee Z_1 Z_2$$

An diesem Beispiel erkennt man folgendes: Das allgemeine Arbeitsverhalten eines autonomen Gliedes ist aus Arbeitsweisen zusammengesetzt,
wie sie für ein Glied mit flüchtigem Verhalten charakteristisch sind und
dem Arbeitsverhalten eines periodischen Gliedes. Nach einem im allgemeinen vorhandenen Übergangsvorgang, der aus lauter Zuständen besteht, die nur einmal angenommen werden, sog. Verlustzuständen, geht der
Arbeitsvorgang in eine periodische Arbeitsbewegung über. Die periodische
Arbeitsbewegung kann natürlich im Spezialfall in die konstante Wiederholung ein und desselben Endzustandes ausarten.

Bild 40
Allgemeine Arbeitsbewegung eines autonomen Gliedes

Die klassische Mechanik liefert viele Beispiele für autonome Bewegungen
im beschriebenen Sinne. In der Gleichgewichtslehre wird davon gesprochen,
daß ein mechanisches System unter konstanten Bedingungen die Tendenz
hat, seine Bewegungen in einen Geichgewichtszustand zu überführen. Das
Gleichgewicht ist stabil, wenn kleine Auslenkungen ausgeglichen werden
und das System immer wieder selbsttätig in den Gleichgewichtszustand
zurückkehrt. Bild 41 zeigt die Lage einer Kugel auf einer konvexen bzw.

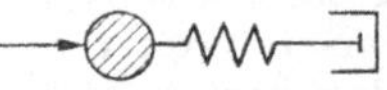

Bild 41
Gleichgewichtslagen einer Kugel auf
gekrümmter Oberfläche

Bild 42
Feder-Masse-Dämpfungssystem

konkaven Oberfläche. Im konkaven Fall liegt ein stabiler Gleichgewichtszustand und im konvexen Fall ein indifferenter Gleichgewichtszustand vor.
Die Gleichgewichtslehre beschäftigt sich vor allem mit stabilen Endzuständen, d. h. mit autonomen Sytemen mit einem flüchtigen Verhalten.
In der Dynamik werden schwingungsfähige mechanische Gebilde untersucht, die bei Kompensation der Reibungsverluste durch Energiezufuhr
ungedämpfte periodische Bewegungen ausführen. Man denke an die
Schwingung eines Feder-Masse-Dämpfungssytems, wie Bild 42 zeigt.

Dieses System steht zu den im Bild 37 gezeigten Resonanzkreisen in
Analogie, wenn man folgende Zuordnungen vornimmt

u	f
i	v
L	m
C	D
R	r

Weitere Beispiele sind ein schwingendes Pendel oder die Unruhe in der Taschenuhr. Wichtig ist, daß die äußeren Bedingungen für solche Systeme konstant sind und das System die Möglichkeit hat, immer die Verlustenergie wieder aus einem Reservoir zu ergänzen bzw. daß keine Energieverluste auftreten.

Das eindrucksvollste Beispiel dieser Art, das überhaupt zur Entstehung der klassischen Mechanik durch *Keppler* und *Newton* geführt hat, ist die periodische Bewegung der Planeten um die Sonne. Dieses System wird aus dem Weltall nur geringfügig gestört, es gleicht seine Energieverluste (Ausstrahlung durch die Sonne) durch Kernprozesse aus (wobei allerdings die Masse allmählich abnehmen muß und demnach die Erscheinungen nicht streng periodisch sein können). Ansonsten ist das System sich selbst überlassen, d. h., es ist ungestört und hat daher nach einem weit in der Vergangenheit liegenden Übergangsvorgang den Weg in diesen periodischen veränderlichen Gleichgewichtszustand des Gesamtsystems gefunden.

Eine Wirtschaft, die sich nicht mehr progressiv weiterentwickelt, deren innere Kräfte sich ausbalanziert haben, neigt, wenn sie sich selbst überlassen bleibt, ebenfalls zu periodischen Erscheinungen, wobei sich auch Krisenerscheinungen in periodischer Folge wiederholen. Kommt eine solche Wirtschaft aus ihren inneren Widersprüchen nicht heraus, so versucht der Staat durch Aktionen solche Zyklen zu durchbrechen; das bedeutet letztlich nichts anderes als den Versuch, die Autonomie durch eine Steuerung abzulösen.

Diese Schwierigkeiten treten in einer Wirtschaft nicht auf, die sich nicht als autonomes System selbst überlassen bleibt, sondern deren wesentliche Größen ständig gesteuert werden mit dem Ziel, die wirtschaftlichen Kräfte und Möglichkeiten progressiv weiterzuentwickeln. Es sollen hier keine Spekulationen darüber angestellt werden, welchem Grenzprozeß sich diese Entwicklung nähert, wenn die Progressivität durch die Vorratsbeschränkungen an Rohstoffen, Energie usw. auf dem Erdball Grenzen findet. Die Menschheit in ferner Zukunft wird sich gewiß nicht nur auf die Möglichkeiten unseres Erdballs zu beschränken brauchen.

Gesteuerte Systeme unterscheiden sich von den autonomen Systemen vor allem dadurch, daß die Zustandstransformation außer vom vergangenen Zustand noch von Eingangsgrößen des Systems abhängig ist. Die Eingangsgrößen sind dabei entweder unkontrollierte, jedoch wesentliche Eingänge oder gesteuerte Eingänge, d. h. solche Größen, deren zeitlichen Verlauf man willkürlich vorgibt.

Im deterministischen Fall hat die Systembeschreibung qualitativ die folgende Form

$$z(t) = G(y(t), z(t))$$

bzw. im diskreten Fall

$$z(t_i) = G(y(t_i), z(t_{i-1}))$$

Die Gruppe von Gleichungen, nach denen man bei gegebenem Zustand und gegebenem Eingang die Wirkung des Gliedes erhält, soll hier nicht extra betrachtet werden. Hierbei treten keine wesentlichen Probleme auf. Der Einfachheit halber sei auch angenommen, daß alle Eingangsgrößen

Steuergrößen sind. Nunmehr hängt die Zustandsüberführung nicht mehr allein vom gegenwärtigen Zustand, sondern auch noch von der aktuellen Belegung der Eingangsgrößen ab. Aus dem aktuellen Zustand führt nicht wie beim autonomen Glied ein einziger Weg in die Zukunft, sondern so viele Wege, wie man Möglichkeiten hat, verschiedene Steuergrößenbelegungen zu wählen. Hier liegt eine Nahtstelle zwischen deterministischen und stochastischen Betrachtungen. Im Sinne des klassischen Determinismus ist die Zukunft eindeutig durch die Gegenwart und die wirkenden Kräfte bestimmt. Das trifft auch hier zu, denn wir können die Steuergrößen als die wirkenden Kräfte auffassen. Sehen wir den Verlauf der Eingangsgrößen als gegeben an, so können wir das Modell des klassischen Determinismus wählen. Die Zukunft baut sich nun eindeutig wie folgt auf: Wir können bei festen Werten von $y(t_i)$ die Transformation

$$z(t_i) = G(y(t_i), z(t_{i-1}))$$

als eine autonome Transformation auffassen. Wir haben hier also quasi zusammengefaßt eine Liste von so vielen autonomen Transformationen wie es mögliche Belegungen der Eingangsgrößen gibt. Zu jedem Taktzeitpunkt wird gemäß der bekannten wirkenden Ursache zu diesem Zeitpunkt aus der entsprechenden Liste das zugehörige autonome Übertragungsverhalten gewählt und mit diesem der nächste Schritt getan. Der Unterschied zum autonomen Verhalten besteht lediglich darin, daß wir je nach dem zeitlichen Verlauf der Ursachen in dieser Liste uns nicht an einer festen Stelle befinden, sondern verschiedene Positionen anlaufen.

Können wir jedoch den Verlauf der Eingangsgrößen nicht als bekannt voraussetzen, sondern sind wir nur in der Lage über das Auftreten der verschiedenen möglichen Belegungen Wahrscheinlichkeitsaussagen zu machen, so kommen wir zu einem autonomen Glied mit zufälligen Zustandsübergängen zu einer sog. Markoffschen Kette. Wir können auch von einer stochastisch gesteuerten Zustandsüberführung sprechen.

Beiden Fällen ist folgende wichtige Tatsache gemeinsam: Für die Zustandsüberführung von einem Zeitpunkt zum anderen gibt es im allgemeinen mehrere Möglichkeiten. Aus diesen Möglichkeiten kann mit Hilfe eines passend gewählten Steuersignals eine ausgesondert werden. Es erhebt sich hier ein Problem, das sofort zu den Fragen der Optimalsteuerung führt. Die Auswahl eine von mehreren Möglichkeiten und ihre Verwirklichung muß natürlich motiviert werden, d. h., man wählt sinnvollerweise eine solche Steuerung, die in irgendeinem Sinne zu einem möglichst günstigen Ergebnis führt.

Zunächst bringen wir einige anschauliche Beispiele für gesteuerte Zustandsüberführungen. Hierbei wollen wir über die Schwierigkeiten bei der Festsetzung von Zustandsgrößen nicht sprechen; wir denken uns bereits passende Zustandsgrößen vereinbart. Im Umgangsleben spricht man z. B. von der Steuerung eines Kraftfahrzeugs. Tatsächlich hat der Fahrzeugführer verschiedene Eingriffsmöglichkeiten in die Verhaltensweise seines Fahrzeugs, um dieses zu steuern. Er kann die Richtung wählen, Geschwindigkeit und Beschleunigung durch das Gas beeinflussen, er hat dabei verschiedene Gänge zur Verfügung. Wir können den Zustand des Systems

„Kraftfahrzeug" angeben durch den Ort, an dem es sich zu einem bestimmten Zeitpunkt befindet und die Geschwindigkeit, die es besitzt. Durch Wahl der Steuergrößen kann über eine Zustandsfolge, d. h. einen Fahrweg, ein gegebener Zustand in einen gewünschten möglichen Zustand übergeführt werden. Für diese Überführungen stehen im allgemeinen viele Trajektorien zur Verfügung, man kann verschiedene Fahrtrouten wählen, und man hat es in der Hand, welchen Geschwindigkeitsverlauf man längs einer festen Fahrtroute realisiert. Eine Positioniereinrichtung einer automatischen Werkbank hat die Aufgabe, ein Werkzeug in eine bestimmte Arbeitsstellung relativ zu einem Werkstück zu bringen. Dabei unterscheidet man in der Regel einen schnelldurchlaufenen Eilgang und einen Schleichgang. Im Eilgang soll das Werkzeug nahe an das Werkstück gebracht werden, jedoch noch nicht zur Berührung, im Schleichgang soll darauffolgend möglichst schonend die Berührung zwischen Werkzeug und Werkstück hergestellt werden. Der Zustand der Maschine während des Einrichtens sei durch Ort und Geschwindigkeit des Werkzeugs gekennzeichnet. Steuergröße ist in diesem Fall der Antrieb für den Vorschub des Werkzeugs. Die Steuergröße ist hier besonders einfach. Es ist eine binäre Größe, die nur zwischen schnell und langsam unterscheidet. Man hat bei jedem Bewegungszustand des Werkstücks die Möglichkeit, die binäre Steuergröße wirken zu lassen und kann offensichtlich so den Zustand der Maschine beeinflussen. Offensichtlich wird jedoch in einer Zwischenstellung, die durch Zusatzüberlegungen gefunden wird, vom Eilgang in den Schleichgang umgeschaltet, d. h., die Steuergröße wird vom Zustand abhängig. Das ist ein Beispiel, bei dem durch rückwirkende Festlegung der Steuergröße durch den erreichten Zustand das gesamte System zu einem autonomen System wird. Darin besteht das Wesen einer Automatik, die nicht der Verwirklichung einer Störgrößenkompensation dient, sondern, die einen bestimmten Arbeitsablauf steuern soll.

Beim Schachspiel, wie auch bei anderen strategischen Spielen, hat man es mit einem teilweise stochastisch gesteuerten System zu tun. Der Zustand des Spiels ist durch die Stellungsbewertung des jeweiligen Spielers gegeben. Der Ziehende leitet seinen steuernden Eingriff aus einer stochastischen Entscheidung aufgrund des Spielzustands ab und führt durch seinen Zug einen neuen Zustand herbei. Nun ist der Gegenspieler am Zuge, der sich von gleichartigen Überlegungen leiten läßt. Sein steuernder Eingriff erscheint dem Spieler in noch größerem Umfang als zufällig im Vergleich zu seinem eigenen Zug. Wir können dieses System als ein stochastisch gesteuertes System auffassen, wobei die Zustandsbeschreibung natürlich schwierig ist wegen der Komplexität möglicher Stellungen. Wir wollen nun noch kurz die Systeme mit reinem black-box-Verhalten den Systemen mit gesteuerter Zustandstransformation gegenüberstellen. Denken wir uns für diese Betrachtung die Ausgangsgrößen mit den Zustandsgrößen identifiziert, so erhalten wir folgende Beschreibungen

$$z\,(t_i) = F\,(y\,(t_i)) \qquad\qquad z\,(t_i) = G\,(y\,(t_i),\,z\,(t_{i-1}))$$

Die Eingangsgrößen $y\,(t_i)$ sollen in beiden Fällen die Rolle der Steuergrößen spielen. Die Steuergrößen können in verschiedener Weise mit Werten belegt werden.

Wenn man bei jedem Schritt eine der vielen möglichen Belegungen wählt, so muß dafür ein Grund bestehen, d. h., man orientiert sich dabei an bestimmten Forderungen, die das System erfüllen soll. Der grundlegende Unterschied zwischen beiden Systemarten besteht darin, daß wie Bild 43 zeigt, im Fall des black-box-Verhaltens wir es mit einem sog. offenen System zu tun haben, während das zustandsgesteuerte System eine Zustandsrückführung besitzt; es handelt sich um einen sog. einschleifigen Regelkreis. Dadurch hat es zusätzliche selbstkompensierende Eigenschaften in bezug auf Störungen, die sich dem Steuersignal überlagern bzw. in das Glied an anderen Stellen eintreten.

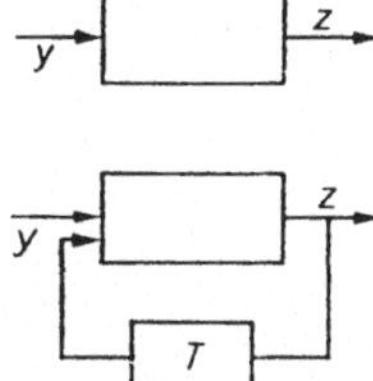

Bild 43. Offene Steuerkette

Wir wollen diese Eigenschaft der Störgrößenkompensation am Beispiel eines linearen Regelkreises studieren. Alle beteiligten Größen sollen hierbei eindimensional sein.

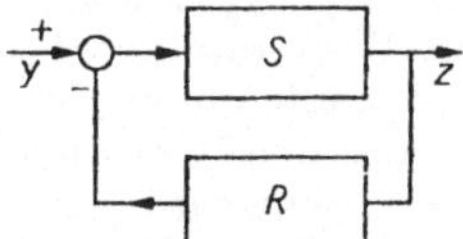

Bild 44. Regelkreis

Die Regelgröße am Ausgang der Regelstrecke S im Bild 44 sehen wir als Zustandsgröße an. Diese wird über den Regler R mit umgekehrten Vorzeichen an den Eingang der Regelstrecke S zurückgemeldet, wo sie sich mit der Steuergröße y überlagert. Da S und R als linear vorausgesetzt werden, die durch lineare Operatoren F_S und F_R beschrieben werden, gilt offenbar folgende Bilanzgleichung (s. a. Rückführschaltung in 5.2.)

$$F_S (y - F_R z) = z$$

und hieraus

$$z = (1 + F_S F_R)^{-1} F_S y$$

Laufen die Übertragungseigenschaften beider Glieder nur auf reine Verstärkung, d. h. auf Multiplikation mit Konstanten hinaus, so erhalten wir

$$z = \frac{K_S}{1 + K_R K_S} y$$

Hieraus ersieht man, daß außer der Zustandsrückmeldung eine Störung der Größe E am Eingang der Strecke S auf den Wert

$$E / (1/K_S + K_R)$$

herabgemindert wird. Dieser Wert wird beliebig klein, wenn nur K_R genügend groß. d. h. die Rückführung sehr empfindlich wird.

Hierbei ist jedoch zu bedenken, daß im allgemeinen einer zu großen Erhöhung von K_R dadurch Grenzen gesetzt sind, daß bei zu empfindlichem Regler auch Störungen in der Rückführung sehr verstärkt auf die Strecke S gelangen und zu wenig gedämpften Schwingungen Anlaß geben können. Schlimmer wird es, wenn die Rückführung durch ihr Übertragungsverhalten auch noch Zeitverzögerungen mit sich bringt. Dann ist es sogar möglich, daß die Zustandsgröße ihre stabilisierende Eigenschaft völlig verliert und der Regelkreis instabil wird. Dann können bereits geringfügige Störungen zu beträchtlichen Zuwüchsen von z führen, die vom Regelkreis nicht mehr selbsttätig abgebaut werden können.

Einzelheiten über Regelkreise findet man in Bänden der RA, z. B. in RA 1, 4, 10, 11, 18, 21, 33, 56, 59.

8. Analog- und Digitalrechner

8.1. Rechner als universelle Verhaltensmodelle

Häufig besteht zwischen den Eingangs- und Ausgangsgrößen eines Übertragungsgliedes ein Zusammenhang, der durch mathematische Gleichungen beschrieben werden kann, d. h., die zeitlichen Verläufe der Ausgangsgrößen erhält man dadurch, daß man mathematische Operationen in wohldefinierter Reihenfolge auf die zeitlichen Verläufe der Eingangsgrößen anwendet. Wir können aus diesem Grund ein Übertragungsglied als einen stark spezialisierten Rechner auffassen, der nach einem festvorgegebenen Algorithmus die Wirkungszeitverläufe aus den Ursachenzeitverläufen „ausrechnet". Übertragungsverhalten und Operator bzw. Informationsverarbeitungsalgorithmus sind nur verschiedene Bezeichnungen für die Funktion des Gliedes als Spezialrechner. Die Ausführungen der vorhergehenden Abschnitte haben gezeigt, z. B. bei den binären Automaten, daß nicht immer ein für alle Mal der Operator eines Gliedes vorgegeben werden kann, sondern daß die Art der Informationsverarbeitung von der Zeit und von den Eigenschaften der in der Vergangenheit verarbeiteten Informationen abhängen kann. Diese Abhängigkeit des Verhaltens eines Gliedes beschrieben wir mit Hilfe des Zustandsbegriffes. Mit Änderung des Zustands änderte sich das Verhalten eines Gliedes. Wir gelangten zum Begriff des endlichen Automaten. Dadurch wurde eine große Flexibilität des Verhaltens erreicht; denn für ihn standen zu jedem Taktzeitpunkt so viele Verhaltensweisen zur Verfügung wie der Automat Zustände besaß. In Abhängigkeit von der eingeführten Information konnte er ständig von einer Verhaltensweise auf die andere umschalten. Das Wesentliche der allgemeinen Verhaltensweise solcher flexibler Glieder ist:

1. Die Gesamtverhaltensweise ist stets eine Kombination von elementaren Verhaltensweisen

2. Das Zusammenwirken der elementaren Verhaltensweisen ist von außen durch ein Programm, d. h. durch Eingangsinformationen steuerbar

Diese beiden Bedingungen sind kennzeichnend für die modernen programmierbaren Universalrechner.

70

Bei den modernen Universalrechnern vom analogen Typ werden die elementaren Verhaltensweisen durch gewisse Grundglieder verwirklicht. Die Analogrechner besitzen Glieder, die die Integration, Summation, Multiplikation und gewisse nichtlineare Operationen verwirklichen. Die wählbare Gesamtverhaltensweise wird hier durch eine geeignete Struktur, d. h. Zusammenschaltung von Grundgliedern, verwirklicht. Eine Änderung der Verhaltensweise ist hier nur durch Änderung der Struktur möglich. Vom Analogrechner werden analoge Zeitfunktionen verarbeitet. Im allgemeinen ist bei einem Analogrechner zu einem jeden Zeitpunkt die gesamte Schaltung in Funktion, d. h., hier wird nicht nur eine elementare Operation ausgeführt. Die Lösungen fallen wieder in Form von Zeitverläufen an, die man auf Sichtgeräten darstellen, von Diagrammschreibern aufzeichnen oder über Analog-Digital-Wandler in digitaler Form ausgeben kann. Das Hauptanwendungsgebiet der Analogrechner ist die Modellierung konkreter Systeme und die Erprobung von Steuerungen und Regelungen an dem gewonnenen Modell. Strukturänderungen lassen sich bei Analogrechnern schlecht von außen steuern. Es ist daher nicht besonders vorteilhaft, Analogrechner fest als Kontrollrechner und Regler in Anlagen einzubauen, weil sich dann die Flexibilität dieser Rechner praktisch schlecht ausnutzen läßt.

Bei den modernen universellen digitalen Recheneinrichtungen werden die elementaren Operationen durch eine flexible Rechenschaltung verwirklicht, die arithmetische Einheit. Diese nimmt wahlweise eine ihrer möglichen Funktionen, wie Addition, Division, Multiplikation, logische Operationen usw., an. Die Auswahl erfolgt durch definierte Signale, die sog. Automatenbefehle. Die Gesamtheit dieser Befehle bildet das Rechenprogramm. Zur Aufbewahrung des Programms und der im Laufe der

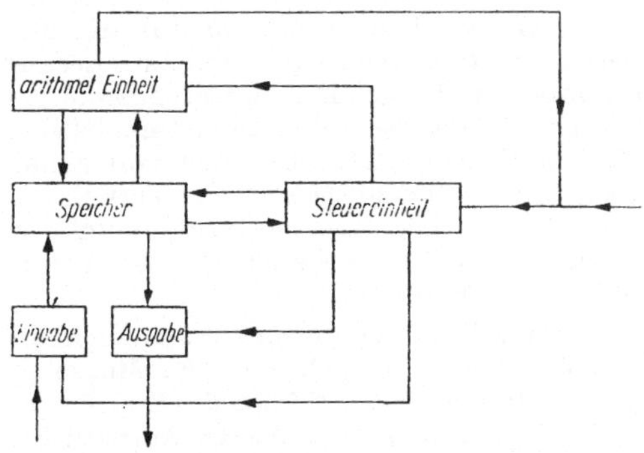

Bild 45. Grobstruktur eines Digitalrechners

Abarbeitung der Befehle anfallenden Zwischenresultate, die als Eingangsdaten späterer Verarbeitung oder zur Steuerung des Programms dienen, muß der Rechner eine sog. Speicher-Einheit besitzen. Außerdem muß die Möglichkeit vorhanden sein, von außen Daten und Befehle in den Automaten einzugeben bzw. endgültige Ergebnisse auszugeben. Diesem Zweck dienen Eingabegeräte und Ausgabegeräte. Als Eingabegeräte kommen in

Frage: Lochkarten- und Lochbandleser, Magnetbandleser. Ausgabegeräte
können Stanzer für Karten und Bänder, Schnelldrucker, Magnetband-
schreiber usw. sein.

Die gesamte Arbeitsweise des Rechners, die flexibel vom Programm festgelegt ist, wird von der sog. Zentraleinheit gesteuert. Diese ist verantwortlich für die Entschlüsselung der zur Abarbeitung bereitstehenden Befehle, für die Funktionssteuerung der arithmetischen Einheit, für die
Wechselbeziehungen zwischen der arithmetischen Einheit und dem Speicher bzw. den Ein- und Ausgabegeräten.

Bild 45 veranschaulicht ganz grob den strukturellen Aufbau eines Digitalrechners. Da die Funktionsweise eines Rechners sehr leicht über Eingangsinformationen gesteuert werden kann, eignen sich universelle Digitalrechner auch für den unmittelbaren Einsatz bei kompliziertesten Rege-
lungs- und Steuerungsaufgaben. Programme können so gestaltet werden,
daß die Verhaltensweise eines komplexen Systems, in dem sich ein Rechner
befindet, sich selbst nach bestimmten Gütekriterien optimieren kann.

Rechner können als sog. Prozeßrechner eingesetzt werden, z. B. zur Steuerung chemischer oder metallurgischer Prozesse, bei der Erdölverarbeitung
usw. Man unterscheidet ihren Einsatz danach, ob sie selbst ein Teil des
Systems sind, d. h. sich dem Rhythmus der Arbeitsweise des Systems
selbst anpassen müssen (on-line-Betrieb) oder ob sie nur hin und wieder
gewisse Kenngrößen des Prozesses bzw. mehrerer Prozesse berechnen
(off-line-Betrieb), wobei der als Dispatcher arbeitende Mensch aus den
erhaltenen Werten gewisse Schlüsse über evtl. erforderliche korrigierende
Eingriffe zieht.

Vom Prinzip her sind universelle Rechner geeignet, beliebige Verhaltensweisen zu modellieren, jedoch ist das nicht immer sinnvoll. Effektiv kommt
jeder konkrete Rechner aufgrund seiner Betriebsdaten, wie Rechen-
geschwindigkeit, Speicherfähigkeit, Genauigkeit usw., nur für die Modellierung von bestimmten Klassen von Systemen sowie nur zur Lösung
eingeschränkter Klassen von Aufgaben in Frage. Die Einsatzgebiete der
Digitalrechner reichen heute von der Lösung technisch-wissenschaftlicher
Aufgaben, wie Lösung von Differentialgleichungen, Entwurf von Schaltungen, Optimierungsrechnungen, über Modellierung von Verhaltensweisen, Modellierung von Lernverhalten bis zur Verwirklichung von
Schachspielstrategien, zur Modellierung von Netzen künstlicher Neuronen,
zur Erforschung der Gehirntätigkeit des Menschen.

Ihnen kommt im Zeitalter der technischen Revolution eine ungeheure
Bedeutung zu, eröffnen sie doch die große Perspektive, den Menschen
von stereotyp geistiger Tätigkeit zu befreien, so wie früher die Einführung
der Maschinen den Menschen einen großen Teil schwerer körperlicher
Arbeit abnahm.

Ihrem Wesen nach sind die modernen Digitalrechner eigentlich nichts
anderes als die von uns im Abschnitt 5.3. beschriebenen endlichen Automaten, allerdings mit einer riesigen Zahl möglicher Zustände. Der Einsatz
der Rechner beschränkt sich nicht nur auf die Nachbildung determini-
stischer Verhaltensweisen, sondern sie geben viele Möglichkeiten auch den
Zufall in Automaten zu modellieren. Hier ergeben sich Anwendungs-
möglichkeiten auf lernende Systeme, Problemlösung mit sog. Monte-Carlo-
Methoden usw.

8.2. Algorithmen und ihre Programmierung

Unter einem *Algorithmus* versteht man allgemein jede geordnete Folge
von Handlungen. Diese Handlungen führen zu Veränderungen an bestimmten Stellen in einem System; zur Erzielung der Gesamtwirkung
kommt es in der Regel auf eine strenge Einhaltung der Reihenfolge der
einzelnen Handlungen an.

Häufig läßt sich die Folge von Arbeitsschritten nicht ein für alle Mal
eindeutig vorgeben, sondern mehrere Abläufe sind möglich; dabei hängt
jeder konkrete Ablauf von der Erfüllung einer Reihe von Bedingungen ab.
Kommt man z. B. mit einem Kraftfahrzeug an eine Kreuzung, die gerade
auf Rot umgeschaltet hat, so spielt sich folgender Algorithmus ab:

1. Gas wegnehmen

2. Auf den 2. Gang herunterschalten

3. Will man rechts abbiegen, Überprüfung, ob die Straße in der gewünschten Richtung frei ist, Übergang zu Schritt 7

4. Ansonsten Wagen zum Stehen bringen und 1. Gang einlegen

5. Warten bis in der gewünschten Richtung auf Grün geschaltet wird

6. Anfahren, Gas geben, auf 2. Gang umschalten

7. Beschleunigen und auf höheren Gang umschalten

Beliebige Algorithmen setzen sich aus zwei Typen von Operationen zusammen, die man bedingt als Grundoperationen bezeichnen kann:

1. Bearbeitungsschritte, Operationen zur Umwandlung von Informationen, Material usw.

2. Verzweigungsschritte. Bei den Verzweigungsschritten wird jeweils eine
   bestimmte Bedingung daraufhin überprüft, ob sie erfüllt ist oder nicht.
   Die Erfüllung der Bedingung hängt i. allg. von den Ergebnissen früherer
   Bearbeitungsschritte des Prozesses ab. Ist die Bedingung erfüllt, so
   läuft der Prozeß in einer, ist sie nicht erfüllt, in einer anderen Richtung
   weiter. Dabei ist auch ein Zurückgehen zu früher schon einmal abge-
   arbeiteten Bearbeitungsschritten möglich

Stellen wir die Bearbeitungsschritte durch Rechtecke und die Entschei-
dungsschritte durch abgerundete Rechtecke, in die die jeweilige zu über-
prüfende Bedingung eingetragen wird, dar, so können wir einige typische
Abläufe von Algorithmen unterscheiden, wie dies Bild 46 zeigt: Unver-
zweigte Geradeausalgorithmen, Verzweigte Geradeausalgorithemn, Zykli-
sche Algorithmen.

Die Notierung eines Algorithmus in irgendeiner Sprache, die seine eindeutige Formulierung zuläßt, nennen wir ein Programm des Algorithmus.
Tragen wir in die Darstellungen vom Bild 49 noch alle erforderlichen
Angaben über die durchzuführenden Einzelschritte ein, so erhalten wir
ein Programm in der sog. Flußdiagrammsprache. Schreiben wir den

Algorithmus in Form einer konkreten Befehlsfolge eines bestimmten Digitalrechners, so sprechen wir von einem Maschinenprogramm. Häufig schreibt man die Programme in einer neutralen, d. h. vom konkreten Automaten weitgehend unabhängigen Sprache und übersetzt vor der Rechnung durch ein spezielles Programm das in der problemorientierten Sprache geschriebene Programm in ein eigentliches Maschinenprogramm. Als problemorientierte Sprachen finden z. B. Verwendung: ALGOL, COBOL, FORTRAN, bestimmte Sprachen, die zur automatischen Konstruktion geeignet sind, wie z. B. APT usw.

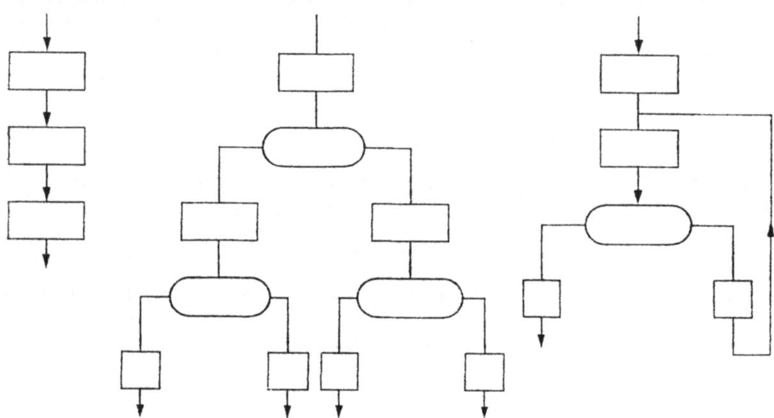

Bild 46. Haupttypen von Algorithmen

Wir bringen nun noch ein Beispiel für einen konkreten Algorithmus in der Flußdiagrammdarstellung.
Problembeschreibung: Gesucht sind alle Lösungen s der quadratischen Gleichung

$$s^2 + ps + q = 0$$

zu beliebigen gegebenen Werten der reellen Zahlen p und q. Die Lösungen können bekanntlich reelle oder komplexe Zahlen sein. Ist s komplex, so seien x_1 Realteil und x_2 Imaginärteil der beiden konjugiert komplexen Lösungen, eine Hilfsvariable z habe dann den Wert 0; besitzt jedoch die Gleichung zwei reelle Lösungen, so seien x_1 und x_2 ihre Werte und die Hilfsvariable z habe dann den Wert 1. p und q sind die Eingangsinformationen, x_1, x_2, z die Ausgangsinformationen des Rechenprozesses. Zur Lösung der Aufgabe muß ein bestimmter Weg vorgeschlagen werden. Wir legen im vorliegenden Fall den Algorithmus folgendermaßen fest:
Lösungsalgorithmus: Kernstück des Algorithmus sei die bekannte Lösungsformel einer quadratischen Gleichung

$$s_{1/2} = -p/2 \pm \sqrt{p^2/4 - q}$$

Im Fall $p^2/4 - q \geq 0$ erhält man zwei reelle, im Fall $p^2/4 - q < 0$ zwei konjugiert komplexe Lösungen.

74

Wir legen folgenden Algorithmus fest. (Die dabei auftretende Operation $\sqrt{}$ ist bei vielen Digitalrechnern kein Elementarschritt, der von einem bestimmten Automatenbefehl veranlaßt werden kann, in diesem Fall hat man sich anstelle dieses Schrittes ein ganzes Programm eingesetzt zu denken, das der Verwirklichung der Operation ,,Quadratwurzel aus einer nichtnegativen Zahl" dient.)

1. Berechne $m = -p/2$

2. Berechne $D = m^2 - q$

3. Prüfe, ob $D \geq 0$ oder $D < 0$ ist. Im Fall $D \geq 0$ erteile einer binären Hilfsvariablen den Wert $z = 1$, sonst $z = 0$

4. Im Fall $z = 0$ ersetze D durch $-D$

5. Berechne $w = \sqrt{D}$

6. Berechne im Fall $z = 1$ $x_1 = m + w$ und $x_2 = m - w$

7. Setze im Fall $z = 0$ $x_1 = m$ und $x_2 = w$

Der Berechnungsalgorithmus wird hier also durch ein einfaches verzweigtes Geradeausprogramm wiedergegeben.

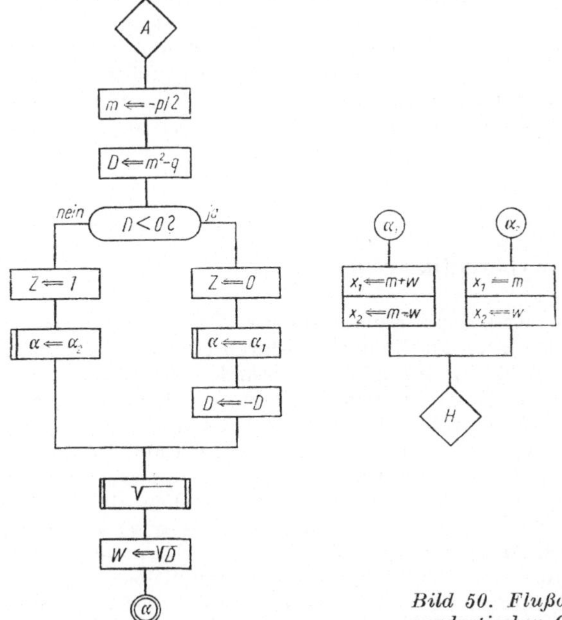

Bild 50. Flußdiagramm zur Lösung einer quadratischen Gleichung

Bild 47 zeigt ein mögliches Flußdiagramm für den gewählten Rechenprozeß. Hierin ist ⓐ ein sog. variabler Konnektor, der je nachdem, wie der Test ausgefallen ist, zu einem anderen Fortgang des Rechenprozesses führt. Die Kreise O sind Konnektoren, die die Sprungstellen für den

Fortgang der Rechnung angeben; die rechteckigen Kästchen dienen der
Informationsumwandlung in der in sie eingetragenen Weise, die abgerundeten Kästchen bezeichnen Teste zum Zweck der Rechenprozeßverzweigung.

Aus den Betrachtungen dieses Abschnittes erkennen wir, daß für die
Algorithmen ähnliche Bedingungen gelten wie für die Verhaltensweise
eines komplexen Systems.

Ein komplexes System ist eine Struktur aus Teilsystemen, bei der Struktureinteilung handelt es sich um eine bedingte Unterteilung. Die Funktion
eines komplexen Systems läßt sich nicht bis ins letzte erklären, sondern
die Gesamtfunktion wird verständlich, wenn man die Funktionen der
Teilsysteme als bekannt voraussetzt und die Art der Verschaltung der
Teilsysteme zum Gesamtsystem kennt. Ein Algorithmus ist eine Ablaufstruktur aus Teilalgorithmen. Bei der Aufspaltung eines Algorithmus in
Elementarschritte handelt es sich um eine bedingte Unterteilung, je nach
den Operationen, die dem Automaten unmittelbar befohlen werden können.
Die Gesamtleistung eines Algorithmus ergibt sich aus den bekannten
Teilalgorithmen, den Elementarschritten und die Art und Weise ihrer
gegenseitigen durch Verzweigungsstellen und Sprünge verwirklichten
Kopplung. Der Algorithmenbegriff ist selbstverständlich nicht nur auf
Probleme der numerischen Datenverarbeitung beschränkt. Auch in der
Produktion, im Bauwesen, in der Landwirtschaft bedient man sich der
sog. Netzplantechnik und arbeitet nach festterminisierten Arbeitsablaufplänen. Auch diese sind als Algorithmen, allerdings als nichtnumerische
Algorithmen, anzusehen. Solche Netzpläne ebnen den Weg für die Einführung der Datenverarbeitung in alle möglichen Gebiete der Volkswirtschaft.

9.   Perspektive der Kybernetik

Keineswegs ist die Kybernetik der Versuch, alle Erscheinungen der realen
Welt mit Hilfe einer bestimmten Methode zu erklären oder alle in Zukunft
auftretenden Probleme zu lösen. Ein solcher Versuch wäre genauso zum
Scheitern verurteilt wie die Bestrebungen im letzten Jahrhundert, alles
reale Geschehen auf die Gesetze der Mechanik zurückzuführen. Die Kybernetik ist in erster Linie eine abstrakte Systemtheorie und ist deshalb
für alle Fragen zuständig, die mit der Analyse und Synthese vorhandener
bzw. geplanter Systeme zusammenhängen. Dabei stehen dynamische
Untersuchungen unter Verwendung des Zustandsbegriffes im Vordergrund.
Da die Kybernetik auch Möglichkeiten zur gezielten Veränderung von
Zuständen schafft, werden von ihr Erscheinungen der Selbsteinstellung
und der Adaptation von Systemen, des Lernverhaltens miterfaßt. Solche
Erscheinungen lassen sich mit technischen Hilfsmitteln modellieren, werden jedoch von jeher in großem Umfang in lebenden Organismen beobachtet. Bei der Aufdeckung dieser Gesetzmäßigkeiten im Bereich der
Biologie, Medizin und Psychologie kann die Kybernetik mit ihren Methoden und Modellen große Hilfe leisten. Weil viele biologische Systeme
durch einen langwierigen Entwicklungsprozeß ein optimales Verhalten

erworben haben, kann das Studium dieser Systeme auch der Technik neue
fruchtbare Impulse geben. Heutzutage sind die modernen universellen
Digitalrechner als die höchstentwickeltsten Ergebnisse der Kybernetik
anzusehen. Ihnen kommt bei der Automatisierung in der Produktion,
bei der Planung und Leitung der wirtschaftlichen und gesellschaftlichen
Prozesse eine entscheidende Bedeutung zu. Der Mensch, wo er auch beschäftigt sei, braucht in der sozialistischen Gesellschaftsordnung nicht
zu fürchten, daß ihn die Automaten verdrängen; die in Romanen als
Menetekel mitunter angekündigte Herrschaft der Roboter wird nie Wirklichkeit werden. Der Mensch behält stets die Leitung der ökonomischen,
wissenschaftlichen und gesellschaftlichen Prozesse. Ein Automat arbeitet
stets nur so, wie es ihm vom Programm befohlen wird. Der Schöpfer aller
Programme, seien sie noch so kompliziert und mögen sie noch so viele
Möglichkeiten der Eigenveränderlichkeit besitzen, ist und bleibt der
Mensch. Der Mensch ist das höchstentwickelte kybernetische System, das
es z. Z. auf unserer Erde gibt. Einzig und allein von ihm hängt es ab,
ob die neue Wissenschaft der Kybernetik zum Segen oder zum Fluch
für die Menschheit wird.

Literaturverzeichnis

[1] *Lerner, A.:* Elemente der Kybernetik. Moskau: Verlag „NAUKA" 1967. (Deutsche Ausgabe im VEB Verlag Technik in Vorbereitung)

[2] *Wiener, N.:* Cybernetics or Control and Communication in the Animal and the Machine. New York, Paris 1948.

[3] *Gluschkow, W. M.:* Einführung in die Kybernetik. Berlin: VEB Verlag Technik 1963.

[4] *Jaglom, A. M.; Jaglom, I.:* Wahrscheinlichkeit und Information. Berlin: VEB Deutscher Verlag d. Wissenschaften 1966.

[5] *Poletajew, I. A.:* Kybernetik. Berlin: VEB Deutscher Verlag der Wissenschaften 1962.

[6] TGL 14 591: Begriffe und Benennungen der Steuerungs- und Regelungstechnik 1963.

[7] *Oppelt, W.:* Kleines Handbuch technischer Regelvorgänge. Berlin: VEB Verlag Technik 1963.

[8] *Haase-Rapoport, H. G.:* Automaten und lebende Organismen. Moskau: Fismatgis 1961 (russ.).

[9] Kybernetik und Praxis. Berlin: VEB Deutscher Verlag der Wissenschaften 1963.

[10] *Klaus, G.:* Kybernetik in philosophischer Sicht. Berlin: Dietz Verlag 1962.

[11] *Ashby, W. R.:* An Introduction do cybernetics. London: John Wiley & Sons 1956.

[12] *Kobrinski, N.; Trachtenbrot, B.:* Einführung in die Theorie der endlichen Automaten. (russ.) Moskau: Fismatgis 1962.

[13] *Hall, A.:* A Methodology for Systems Engineering. New York/London/Toronto: Van Nostrand Comp. 1962.

[14] *Simon, A.:* Perspektiven der Automation für Entscheider. Quickborn: Verlag Schnelle 1966.

[15] *Grubow, W. I.; Iwachnenko, A. G.; Mandrowski-Sokolow, B. H.:* Industrielle Kybernetik. Kiew: Verlag Wissenschaftliches Denken 1966 (russ.).

[16] *Tschudnowski, A. F., u. a.:* Kybernetik in der Landwirtschaft. Leningrad: Verlag „Kolos" 1965 (russ.).

[17] *Sokolowski, J. I.:* Kybernetik heute und morgen. Charkow: Buchverlag 1959 (russ.).

[18] *Frankovic,* u. a.: Grundlagen der selbsttätigen Regelung. Berlin: VEB Verlag Technik (in Vorbereitung).

[19] *Göldner, K.; Müller, J.:* Steuern und Regeln — Streifzüge durch die Steuerungs- und Regelungstechnik. Leipzig/Jena/Berlin: Urania-Verlag 1967.

[20] *Musabajew, N.:* Kybernetik und die Kategorie des Determinismus. Alma Ata: Verlag Kasachstan 1965 (russ.).

[21] *Kreismer, L. P.:* Technische Kybernetik. Moskau/Leningrad: Verlag Energie 1964 (russ.).

[22] *Wilner, B., u. a.:* Abriß über Kybernetik. Minsk: Verlag Wissenschaft und Technik 1965 (russ.).

[23] *Feigenbaum, E.:* Rechenmaschinen und Denken. Moskau: Verlag „Mir" 1967 (russ.).

[24] *Greniewski, G.:* Kybernetik ohne Mathematik. Moskau: Verlag „Sowjetischer Rundfunk" 1964 (russ.).

[25] *Passow Cord:* Einführung in die Kybernetik für Wirtschaft und Industrie. Quickborn: Verlag Schnelle 1966.

[26] *Amossow, N. M.:* Modellierung des Denkens und der Psyche. Kiew: Verlag Wissenschaftliches Denken 1965 (russ.).

[27] *Churgin, J.:* Formeln — und was dann. Berlin: VEB Verlag Technik 1969 in Vorbereitung.

[28] *Stolarow, L. M.:* Lernen mit Hilfe von Maschinen. Moskau: Verlag „Mir" 1965 (russ.).

[29] *Chorafas, N.:* Control Systems Functions and Programming Approaches. New York/London: Academic Press 1966.

[30] *Braines, S. N.; Napalkow, A. W.; Swetschinski, W. B.:* Neurokybernetik. Berlin: Verlag Volk und Gesundheit 1964.

[31] *Oppelt, W. u. Vossins, G.* (Herausg.): Der Mensch als Regler. Berlin: VEB Verlag Technik 1969 in Vorbereitung.

[32] *Phister, M.:* Logical Design of Digital Computers. New York: John Wiley & Sons.

Sachwörterverzeichnis